安全健康教育（第2版）

许曙青　马宝成　易贵辉◎主　编

林曲尧　汪　蕾　彭一洋◎副主编

电子工业出版社

Publishing House of Electronics Industry

北京·BEIJING

内 容 简 介

本书坚持"立德树人、安全第一"的育人理念，根据职业院校学生安全健康方面发生的新情况、新问题，从学生安全概述、学生公共安全、学生心理健康与安全、学生校园日常安全、学生意外伤害与应急救护 5 个单元 28 个模块进行系统设计与撰写。本书旨在帮助职业院校学生有效应对学习、生活和未来工作中可能出现的安全问题，避免出现意外伤害。

本书配套相应教学案例及思政元素资源库，可用于职业院校安全教育课程建设，同时也可作为社会培训教材使用。

图书在版编目（CIP）数据

安全健康教育 / 许曙青，马宝成，易贵辉主编.

2 版. -- 北京：电子工业出版社，2024. 6. -- ISBN 978-7-121-48204-5

Ⅰ. G634.201；G637.9

中国国家版本馆 CIP 数据核字第 20243NK678 号

责任编辑：游　陆

印　　刷：三河市鑫金马印装有限公司
装　　订：三河市鑫金马印装有限公司
出版发行：电子工业出版社
　　　　　北京市海淀区万寿路 173 信箱　邮编　100036
开　　本：787×1 092　1/16　印张：12.5　字数：320 千字
版　　次：2017 年 2 月第 1 版
　　　　　2024 年 6 月第 2 版
印　　次：2025 年 4 月第 6 次印刷
定　　价：37.80 元

凡所购买电子工业出版社图书有缺损问题，请向购买书店调换。若书店售缺，请与本社发行部联系，联系及邮购电话：(010) 88254888，88258888。

质量投诉请发邮件至 zlts@phei.com.cn，盗版侵权举报请发邮件至 dbqq@phei.com.cn。

本书咨询联系方式：(010) 88254489，youl@phei.com.cn。

安全是指没有危险，不受威胁，不出事故。安全需求伴随着人类历史发展的全过程，是人类个体生存和发展的保障，也是社会发展的前提。职业院校学生是国家宝贵的人才资源，是民族的希望和祖国的未来。维护学生安全健康，事关学生成长成才。普及安全知识，掌握安全技能，弘扬安全文化，提升安全健康素养，维护安全稳定，给学生一个平安、和谐的学习成长环境，是学校、家庭、社会的共同责任。

当前，由于国际国内的安全形势日趋复杂，职业院校学生的安全面临新的考验，为此，作者根据国际国内职业院校学生安全方面发生的新情况、新问题，基于职业院校学生安全实际，构建了新形势下职业院校安全健康教育课程体系。

本体系内容由 5 个单元构成。

第一单元：学生安全概述，包括学生安全的内涵、学生安全事件的现状、学生安全事件产生的原因分析、学生安全教育的必要性 4 个模块。

第二单元：学生公共安全，包括维护国家安全、人身安全的预防与处置、交通事故的预防与处置、火灾安全、财产安全的预防与处置、卫生安全的预防与处置、网络侵害行为的预防与应对 7 个模块。

第三单元：学生心理健康与安全，包括学生心理问题与调适、心理障碍的预防、学生心理危机预防与干预 3 个模块。

第四单元：学生校园日常安全，包括校园教学安全、校园公共卫生安全、体育娱乐活动安全、校园安全、实习与就业安全、职业安全健康 6 个模块。

第五单元：学生意外伤害与应急救护，包括意外伤害与应急救护概述，心肺复苏应急救护，骨折应急救护，止血应急救护，触电事故的防护与应对，溺水事故的防护与应对，烧伤、烫伤事故的防护与应对，逃生与自救 8 个模块。

通过安全健康教育体系构建与实施，可以帮助职业院校学生有效应对学习、生活、未来工作中可能出现的安全问题，避免出现意外伤害。

本书集成了作者多年潜心研究成果和丰富教学经验，以翔实可靠的案例，多角度、全方位地向职业院校学生讲解如何保护自身的安全，如何树立安全防范意识，传授具体可行的操作方法，从而树立"以人为本、观念预防"理念，维护学生安全。

本书在贴近社会、贴近校园、贴近职业的同时，注重贴近职业院校学生实际，全书图文并茂、案例新颖、体例活泼、文字浅显，融知识与实用性、趣味性与教育性于一体，每一模块首先明确学习目标，引出知识点，通过"典型案例"设置情境导入，帮助学生学习安全健康普适性知识，强化安全健康意识，提升安全技能水平，提高实际应用能力，形成良好的安全健康素养。

本书是国家文化产业发展专项资金资助项目，江苏省第五期"333 高层人才工程"第三层次中青年科学技术带头人培养对象阶段性成果，江苏省职业安全健康与科技创新名师工作室阶段性成果，江苏省职业教育教学改革研究重点资助课题《职业安全健康防护协同创新中心建设的研究与实践》阶段性成果。本书的第 1 版是"十四五"职业教育国家规划教材，第 2 版在第 1 版基础上扩充了知识内容、完善了教材体系，更具实用性和可读性。

本书由许曙青、马宝成、易贵辉担任主编，由林曲尧、汪蕾、彭一洋担任副主编，宗俊秀、袁媛、孙玥、姚淼参与了本书的编写工作。在本书编写过程中，作者多次将目录和书稿发给职业院校专家、在校师生、行业企业专家阅读，听取他们的意见，并认真修改完善，几易其稿。同时，我们还参阅了部分专家、学者和同人们的教材、专著和论文，吸取了诸多精粹，在此表示深深的谢意！由于本书涉及内容广泛，书中难免存在疏漏和不足之处，恳请广大读者朋友不吝赐教。

编　者

CONTENTS

第一单元

学生安全概述

模块一　学生安全的内涵

学习目标

1. 了解安全的基本内涵。
2. 明白安全的种类。
3. 熟知安全对发展的意义。

安全是人类生存与发展活动中永恒的主题，也是当今乃至未来人类社会重点关注的主要问题之一。中国人一向以安心、安身为基本人生观，并以居安思危的态度促其实现，因而视安全为教育的一个重要环节。由于社会的进步，人类生活方式愈趋复杂，可能危害身体甚至生命安全的情况也随之增加。我们国家一向重视安全工作，党的二十大报告更是强调要推进国家安全体系和能力现代化，报告中强调："我们要坚持以人民安全为宗旨、以政治安全为根本、以经济安全为基础、以军事科技文化社会安全为保障、以促进国际安全为依托，统筹外部安全和内部安全、国土安全和国民安全、传统安全和非传统安全、自身安全和共同安全，统筹维护和塑造国家安全，夯实国家安全和社会稳定基层基础，完善参与全球安全治理机制，建设更高水平的平安中国，以新安全格局保障新发展格局。"因此，各级学校须加强实施安全教育，增设安全教育课程，并与有关课程及课外活动配合实施。

一、安全的定义

安全，泛指没有危险、不出事故的状态。安全（Safety），顾名思义，"无危则安，无缺则全"，即安全意味着没有危险且尽善尽美。

人们对安全所下的几种定义如下。

（1）安全是指客观事物的危险程度能够为人们普遍接受的状态。

（2）安全是指没有引起死亡、伤害、职业病或财产、设备的损坏或环境危害的条件。

（3）安全是指不因人、机、媒介的相互作用而导致系统损失、人员伤害、任务受影响或造成损失。

二、安全的基本特征

（一）安全的必要性

安全是人类生产的必要前提，安全作为人的身心状态及其保障条件是绝对必要的，而人和物遭到人为的或天然的危害或损坏极为常见。因此，不安全因素是客观存在的。人类生存的必要条件首先是安全，如果生命安全不能保障，那么生存就不能维持，繁衍也不能进行。

（二）安全的普遍性

实现人的安全又是普遍需要的。在人类活动的一切领域内，人类必须减少失误，降低风险，尽量使物趋向本质安全化，使人能控制和减少灾害，维持人与物、人与人、物与物之间协调运转，为生产活动提供必要的基础条件，发挥人和物的生产力作用。

（三）安全的随机性

安全取决于人、物、环境及其关系协调，如果失调就会出现危害或损伤。安全状态的存在和维持时间、地点及其动态平衡的方式等都带有随机性，因而保障安全的条件是相对的，限于某个时空，条件变了，安全状态也会发生变化。故实现安全有其局限性和风险性。

（四）安全的相对性

安全标准是相对的，因为人们总是逐步揭示安全的运动规律，提高对安全本质的认识，向安全的本质化逐渐逼近。影响安全的因素很多，它们以明显或潜隐的形式表征客观（宏观）安全。

（五）安全的局部稳定性

无条件地追求绝对安全是不可能的，但有条件地实现人的局部安全或追求物的本质安全，则是可能的、必需的。只要利用系统工程原理调节、控制安全的要素，就能实现局部稳定的安全。

（六）安全的经济性

安全与否，直接关系经济效益的增长或损失。保障安全的必要经济投入是维护劳动者生产流动能力的基本条件，包括安全装置、安全技能培训、防护设施、改善安全与卫生作业条件、防护用品等方面的投入，是保障和再生生产力的前提。

（七）安全的复杂性

在安全活动中，由于人的主导作用和本质属性，包括人的思维、心理、生理等因素，以及人与社会的关系，即人的生物性和社会性，使安全问题具有极大的复杂性。

（八）安全的社会性

安全与社会的稳定直接相关。无论人为的或自然的灾害，生产中出现的伤亡事故，交通运输中的车祸、空难，家庭中的伤害及火灾，产品对消费者的危害，药物与化学产品对人体健康的影响，甚至旅行、娱乐中的意外伤害等都给国计民生（包括个人、家庭、企事业单位或社会群体）带来心灵和物质上的危害，成为影响社会安定的

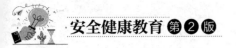

重要因素。"安全第一、预防为主"为基本国策，反映在国家的法令、各部门的法规及职业安全与卫生的规范、标准中。

（九）安全的潜隐性

安全的潜隐性是指控制多因素、多媒介、多时空、交混综合效应产生的潜隐性的安全程度。人们总是努力使安全的潜隐性转为明显性，因为现如今存在的各种产品（特别是化工产品、医药、人工合成材料、生物工程产品、遗传工程产品等）都有潜在的危害。

三、安全的分类

安全涉及生活的方方面面，包罗万象，主要分为公共安全、日常安全、交通安全、校园安全、消防安全、生产工作安全、社会生活安全、学生安全、网络安全、心理安全、人身安全、灾害及意外伤害事故等。本书中将安全分为公共安全、心理安全、校园日常安全和意外伤害与应急救护。

（一）公共安全

公共安全是指社会和公民个人从事和进行正常的生活、工作、学习、娱乐和交往所需要的稳定的外部环境和秩序。公共安全包括维护国家安全、人身安全的预防与处置、交通事故的预防与处置、消防安全的预防与应对、财产安全的预防与应对、卫生安全的预防与处置、网络侵害的防范与应对、灾害及意外伤害事故的防范与应对。

（二）心理安全

心理安全是指个体在祥和、平稳的心境，积极、博爱的态度，适度、合理的行为下的一种突显人格健全、负责、热情的生活状态，与长期的惶恐、惧怕、过激行为、轻生、颓废、忧郁、愁苦、偏激等个体生活状态相对。卡尔·罗杰斯提出心理安全这个概念，是针对个体创造性人格的发展所必需的条件表达出他的理解。个体的内部环境和外部环境都会影响其创造性人格的发展，而心理安全是内部环境的核心内容。

心理安全的标准可以分为三类：①心理问题与调适；②心理障碍的预防；③心理危机的预防与干预。

（三）校园日常安全

学校安全工作，是全社会安全工作的一个十分重要的组成部分。它直接关系到职业院校学生能否安全、健康地成长，关系到千千万万个家庭的幸福安宁和社会稳定。日常的衣、食、住、行、工作、运动等生活安全与学生息息相关。校园日常安全包括校园教学安全、校园公共卫生安全、校园住宿安全、体育娱乐活动安全、校园生活安全、实习与就业安全、职业健康安全。

（四）意外伤害与应急救护

意外伤害是指因意外导致身体受到伤害的事件，常用于保险业。按照保险业的常见定义，意外伤害是指外来的、突发的、非本意的、非疾病的使身体受到伤害的客观事件。随着同学们走出课堂、走出校园，开展形式多样的活动，意外事故时有发生，如不及时救护，有时甚至危及生命。你，你的同学，或者你的亲朋好友如果受到意外伤害，你会想到什么？对了，马上呼叫救护车来救护，或者迅速把患者送往医院抢救。但无论采用哪种办法都需要时间，有时时间就是生命啊！这时如果我们能够掌握一些简单实用的救护知识和技能，那该多好啊！这样我们就可以挽救生命、减轻伤害。救护知识和技能主要包括心肺复苏应急救护、骨折应急救护、止血应急救护、触电事故的防护与应对、溺水事故的防护与应对、烧伤事故和烫伤事故的防护与应对、逃生与自救。

四、安全与发展

（一）安全与珍爱生命

人最宝贵的是生命，而生命只有一次。学生正处于人生的黄金时代，更要以实际行动珍惜生命、热爱生活、好好学习、提高能力，为职业生涯的发展奠定基础。

安全是人的基本需要。人的基本需要从低到高可以分为生存、安全、归属与爱、尊重和自我价值实现的需要。生存需要是人的物质需要和精神需要的基础，是人的行为活动的原动力。生存需要是最基本的需要，包括衣、食、住、行等生理需要，保证生命存活的安全需要。

保证生命安全是人们最基本的需要。只有活着，才会有衣、食、住、行等方面的生理需要，才会对社交、尊重、自我价值实现有所追求。

（二）安全与安全发展理念

《中华人民共和国国民经济和社会发展第十四个五年规划和 2035 年远景目标纲要》提出，加强前瞻性思考、全局性谋划、战略性布局、整体性推进，统筹国内国际两个大局，办好发展安全两件大事，坚持全国一盘棋，更好发挥中央、地方和各方面积极性，着力固根基、扬优势、补短板、强弱项，注重防范化解重大风险挑战，实现发展质量、结构、规模、速度、效益、安全相统一。

自十六届五中全会确立了"安全发展"的指导原则以来，"安全发展"一直是我国现代化建设总体战略的重要理念之一。

安全发展就是以人为本，以人的生命为本。经济社会发展必须以安全为基础、前提和保障。构建社会主义和谐社会必须解决安全生产问题。坚持安全发展，就是最大限度地提高发展效益、降低发展风险，实现社会又好又快地发展。根本落脚点是认真切实地贯彻落实好安全生产法规、制度和措施。

📖 思考与探究

1. 安全是什么？
2. 安全的主要特征有哪些？
3. 职业院校学生如何保证自身安全？
4. 安全对我们生存、发展有哪些意义？

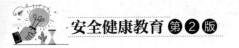

•••• 模块二 学生安全事件的现状

学习目标

1. 对安全形势有清醒的认识。
2. 明白安全事故存在的危险。
3. 提高安全防范意识。

校园是培养人才的摇篮，需要文明的环境和良好的秩序，职业教育在我国中、高等教育中已占有重要地位，维护职业院校的稳定是维护社会安定的重要组成部分。随着职业院校办学规模的不断扩大，对外开放程度的加大及后勤社会化改革的深入，大量社会人员涌入，使学校周边环境日趋复杂。同时，职业院校学生接触社会的机会增加，使得各类安全事故时有发生。因此，安全问题已经成为社会和家长普遍关注的问题。

一、安全事件现状

就职业院校来说，每年因各种矛盾、纠纷而报复、自杀等案例并不鲜见。职业院校学生独立面对社会生活、学习知识以增长技能，其前提是学生健康、平安。职业院校学生多采取开放式管理，校园内部可能充斥一些不良人员。四通八达的环境容易滋生一些偷盗等违法事件。学生从"象牙塔"里走出来，其思想单纯，有时容易受他人蛊惑而做出一些不好的事情或损害自己的利益，如新生进校时，经常有人以赚钱为诱饵诱骗学生，造成一些学生财产损失；学生安全意识不强，也容易造成一些意外伤害事故。同时，职业院校学生的心理还没有完全成熟，易因学业、情感等引发恶性行为。

（一）社会安全形势

近年来，社会安全形势总体稳定，但也存在着一些不和谐的因素。校园是社会的缩影，社会上存在的形形色色的安全隐患，以及种种不和谐的因素，都会在校园内有所反映，现实社会生活中的校园及周边的治安、消防、交通等方面也确实存在着多种不安全的因素。

职业院校周围遍布网吧、KTV、无证小旅馆等，甚至还有各种不健康的娱乐场所，这些场所的存在不仅严重腐蚀了学生的心灵，而且还有可能由此引发打架斗殴、抢劫、盗窃等违法犯罪行为，对学生的人身安全构成威胁。此类场所有时也可能导致学生旷课、夜不归宿等现象发生，对校园教育起到极大的负面作用。

（二）校园安全状况

1. 卫生安全问题

职业院校快速发展，难免在卫生管理上存在安全漏洞，如食堂卫生、宿舍卫生等问题。

 典型案例

食堂是学校师生的后勤保障基地，关系全校师生的身体健康和生命安全，因此师生饭菜的处理不可存在一丝侥幸。基于这样的标准，学校食堂工作人员每天都保持高度警惕和敏感性，绝不能蒙混过关。

每周五由学校营养餐领导小组成员、食堂管理员、采购员和厨师一起讨论、协商，按照学生每天的伙食标准及营养餐的标准，科学、合理地安排下周食谱，使饭菜质量达到科学膳食、营养均衡、花样丰富、饭菜可口，做到学生爱吃、想吃、喜欢吃。

食堂管理员每天对食堂工作一日常规进行检查，做到"十查"，即查是否有晨检记录；查从业人员是否佩戴健康证，衣帽是否整洁，是否佩戴首饰或装饰品上岗；查食品采购是否有索证索票，是否有进货台账；查原材料存放是否做到防潮和保鲜，半成品及熟食是否做到防蝇、防尘及离地放置；查每餐饭菜是否与食谱安排一致，搭配是否合理；查每餐留样是否规范，是否做到记录与饭菜、食谱一致；查学生就餐是否排队、秩序是否良好；查每顿饭后餐具是否按要求消毒，是否记录；查食品佐料是否有专人管理、记录；查废弃物是否规范处理，是否有详细记录。食堂管理员会在完成检查的当天下午，将检查情况进行小结，并及时督促解决存在的问题，切实保障师生饮食安全。

2. 校外交通事故

随着我国工业化、城镇化进程的加快，道路、车辆、驾驶人员和交通流量也随之快速增长，然而，广大交通参与者的交通安全意识、法治意识普遍不强，交通违法现象普遍，交通事故频发。据统计，目前交通事故是造成学生伤亡最大的一类事故。一些职业院校学生无证、无照驾驶机动车辆及飙车等违法行为存在巨大的安全隐患。

 典型案例

某日，肖辉放学后像往常一样走出校门准备回家，正准备过马路的时候，肖辉手机微信来信息了，一心专注回复微信消息的肖辉根本没注意到自己的处境——马上走到路中央了。此时，正有汽车从肖辉的左边开过来，多亏驾驶员及时踩了制动踏板，也多亏走在肖辉旁边的同学拉了他一把，否则后果不堪设想。等肖辉回过神来才意识到自己过马路时只顾低头看手机的危险，不自觉出了一身冷汗。

3. 消防安全问题

消防安全问题主要指学生因违章用电或用火不当而引起宿舍或公共场所失火的事

件。生命只有一次，火灾却与生命息息相关。关注消防，热爱生命，抵御和防范火灾，是当今人类进步与发展的一大主题。隐患险于明火，防范胜于救灾。我们只有了解和掌握消防科学知识，提高防范能力，才能更大限度地减少火灾对生命的侵袭。职业院校学生在学校消防安全工作中占有重要地位。

据统计，职业院校内 70%～80%的火灾发生在学生宿舍。学生是学生宿舍的主人，预防学生宿舍火灾，学生起着十分重要的作用。如果学生消防安全意识淡薄，缺乏消防安全常识，扑救初起火灾、逃生自救、互救能力低下，那么一旦发生火情，势必酿成灾害，后果不堪设想。学校食堂菜色单一，一些学生就想着单开小灶，在宿舍煮东西吃，从而导致失火。另外，一些学生会在学生宿舍内使用电吹风、电暖宝等，一旦用电不当也会导致失火。因此，希望同学们引以为戒，禁止使用大功率电器，增强消防安全意识，杜绝此类事故发生。

典型案例

虽然学校有严格的纪律不允许使用大功率电器，但是学生小陈还是心存侥幸。每次在学校相关部门查宿舍时，他会把"热得快"藏起来，等到检查结束后再偷偷拿出来，每当想起自己不用爬楼梯打水他都会洋洋得意。可是，有一天停电后他忘记将插头拔下，并顺手将"热得快"放于抽屉中，导致来电后"热得快"差点把宿舍烧了，万幸有舍友闻到了燃烧的异味，其他同学积极查找原因才发现隐患，否则将酿成大祸。

4. 校园暴力事件

校园暴力又称校园欺凌，是指同学间欺负弱小，进行言语羞辱、敲诈勒索甚至殴打等行为。校园欺凌多发生在中小学，但在职业院校中也时有发生。学生之间的矛盾引发的群体性斗殴事件也较为常见。

典型案例

小林从小在别人眼中就是一个不学无术、玩世不恭的"坏孩子"，经常带着所谓的"弟兄们"在校园内外"找茬"，看谁不顺眼就"给点颜色看看"，学校多次收到学生对他的举报。这天，小林把低年级同学堵在厕所"教训"，被新来的班主任发现了，班主任把他叫到办公室进行了深入的交流，向他了解了他的成长经历。因为家庭的变故，小林从小被人嫌弃，自卑的他认为只有通过这样的方式才能得到别人的认可……班主任与他进行了深入谈话，给予他从未有过的关怀，让他知道了自己从未被发现的优点，也深刻认识到自己曾经的所作所为有着多么大的隐患。从此，他走上了"正道"，上课认真听讲，与同学们友好交往，很快就跟上了班级的节奏。

5. 失踪安全问题

失踪安全问题主要指一些学生在未告知教师、同学和家人的情况下，突然不知去向，无法获得联络，同时不和家人、教师、同学联系的事件。

典型案例

晓俊最近学习成绩下滑，期中考试成绩出来后，担心家长知道成绩后会批评他，一时头脑发热想到了"离家出走"。于是，放学后他没有回家，而是坐上了他也不清楚目的地的长途大巴车。来到陌生的地方过起了无人监管的"好日子"——"泡"网吧，刚开始特别兴奋，可是玩了两天他就开始想家了，想念爸爸妈妈，想念老师同学……同时，这也急坏了家长和老师，就在大家到处找寻的时候，他回来了，知道了离开家的日子很不好过，知道了学习对一个人的成长有多重要，也知道了有人"监管"是多么幸福。

6. 网络安全问题

21世纪全民进入了网络时代。网络在给人们带来便利的同时，一些不文明的网络现象也让人担忧。同时，网络规范还不够严格，一些学生在网络上匿名骂人，攻击他人，甚至传播谣言等。

典型案例

某学校学生小强，由于沉迷网络游戏，长期旷课在宿舍或网吧打游戏，并在游戏过程中及日常生活中出现情绪暴躁、爱说脏话等现象。小强的行为引起了班主任和同学们的注意，班主任与他深入交流，发现他对自己没有明确的目标和规划，才会对学习和人际交往失去兴趣。在游戏中能得到的"奖励"也使他迷失方向。通过交流，小强意识到自己的错误，迷途知返，在老师和同学们的帮助下，他终于体会到了学习的乐趣，也体会到了付出努力就会有回报。

7. 心理安全问题

随着教育体制改革的不断深入，特别是职业院校培养目标、学生教育管理制度的不断变化，许多学生存在着不同程度的心理问题。目前职业院校在校学生多为独生子女，从小生活在父母的呵护下，来到学校也是第一次离开父母独立生活，加上之前的应试教育缺乏对学生生活的指导，导致学生在来到职业院校之后遇到困难不知如何解决，面对繁重的学习任务和严峻的就业压力，不能保持正确的心态去面对，从而产生一些心理障碍和心理疾病。

一些学生因为经济压力、恋爱危机、家庭变故、就业竞争等原因而诱发心理问题，造成自卑、抑郁、烦躁，甚至出现自杀、自虐的事件。

典型案例

小白最近情绪非常不好，他找到班主任王老师请求帮助。他告诉老师，升学的压力让他喘不过气来，导致睡眠情况非常不好，每天要到凌晨一两点才能睡着，早上三四点就会醒来。虽然坐在教室里学习，但是实际上根本学不进去，心里非常乱，控制不住自己，坐立难安。王老师听了小白的诉求，首先肯定了小白的做法，遇到困难找老师帮忙是非常正确的做法，同时向小白了解了他的成长经历。原来小白对自己之前考试失利耿耿于怀，想通过升学改变自己的命运，因此把升学看成是自己人生命运的转折点，这样的压力导致他喘不过气来。后来，王老师跟他交流了人生的意义、考试的意义，并将老师自己的人生经历与其分享。小白顿时心里轻松了很多，原来每个人都会经历一些困难，关键是怎样去面对、去解决。经过一段时间的努力，小白终于从压力中走了出来。

8. 职业院校安全保卫工作滞后

国家对职业教育的重视，使职业院校的发展突飞猛进，数量和规模都在急剧扩大。然而，由于各方面的制约，学校的保卫队伍建设却没能跟上职业院校发展的步伐，职业院校保卫工作的改革处于停滞阶段。由于资金不足，保卫工作只能停留在顾此失彼的尴尬模式中，保卫人员的素质普遍较低，无法适应新的发展需要，同时，落后的工作模式和思维方式，也制约了保卫工作的发展。

9. 其他类型案件

随着学校开放程度的扩大，学生获取信息的途径越来越多，社会上一些不良风气对学生的影响越来越大，部分学生好逸恶劳，贪图享受，爱慕虚荣，不顾及个人实际情况盲目追求高消费。当他们的经济能力不能支持他们的高消费时，可能就会引起一些违法犯罪行为的发生。还有因为道德缺失引起的犯罪行为。近年来，校园盗窃、抢劫、诈骗行为呈明显上升趋势，严重恶化了校园风气，也直接导致学生的安全感降低。

就"盗窃"这一校内最普遍的行为而言，据有关机构调查，盗窃犯罪约占学生犯罪总数的 50%，居学生犯罪的首位。这种犯罪行为的发生大多与这些学生追求享乐的心理需要有关。这类学生的家庭条件往往并不困难，但他们追求高消费，享乐成了优先需要。一旦经济条件"吃紧"，向家里伸手要钱难以满足时，便会产生盗窃的动机。

📇 典型案例

某校学生刘某因"手头紧张"，趁寝室无人之机，找来锁匠撬开同寝室同学张某的衣柜，并拿走其放在衣柜中的银行卡。通过此卡，刘某取走了张某卡内存款 3 100 元，取完钱后刘某又将银行卡放回张某的衣柜里。张某回寝室后发现了衣柜的异样及自己卡内数额的变化，迅速将此事告诉了老师。老师与每个同学深入交流后，大致掌握了情况，但是老师并没有报警，而是给予刘某一次机会，在宿舍内部进行解决。老师告知每位同学盗窃的严重性，并通过其他方式让盗窃的同学进行弥补。后来，这件事完美解决，钱被如数退回。刘某也感激老师给予机会，并且发誓不再犯这样的错误。

10. 职业院校学生面临的重点安全问题

职业院校按照专业培养目标和教学计划，组织学生到企业等用人单位进行实习，这是职业院校专业教学的内容。但实习期间学生意外伤害事故的发生，反映了学校和实习企业的安全教育、管理制度等方面的缺失；事故发生后，学生的权益难以得到维护，无法得到有效的赔偿，暴露了法律法规体系的不健全。

典型案例

小陈是某职业学校即将毕业的学生，可是临近毕业，有几门课的补考还没通过。眼看别人都能正常毕业，自己却因为几门课的成绩不佳可能拿不到毕业证。正苦恼之际，上网时小陈认识了一名自称是黑客的人，称其能侵入校园网络，帮助小陈修改成绩。小陈还向同学们炫耀自己很快就能拿到毕业证。正当小陈为这个"便捷方式"沾沾自喜的时候，同学提醒了他，不要相信这些骗人的把戏。后来班主任了解到小陈的情况，并告诉他网络骗子的危害。小陈才意识到自己的错误，多亏同学和老师的帮忙才没有酿成大祸。

二、学生安全意识现状

职业院校学生生理发育基本成熟，但心理发育滞后，社会经验不足，同时特定的年龄结构、生活环境、文化背景，决定了学生面临诸多安全问题。当前独生子女成为学生主力军，他们从小生活在父母的关爱下，成长历程基本上是在父母的帮助下完成的，对社会的复杂性知之甚少，与社会交流和沟通能力差，一旦离开父母，独立面对复杂的社会时，由于缺乏必备的安全常识，对安全问题警惕性不高，一旦遇到问题，往往不知所措或处理不当，从而导致危害加重。

学生安全意识淡薄，思想单纯，容易导致安全事件的发生，具体表现在以下六个方面。

（一）思想松懈，财物保管不严

学生宿舍时常有失窃的情况发生，发生的主要原因在于学生自身的思想太过松懈，对自己的东西保管不到位。例如，有的学生为图方便，将钥匙直接放在门外自以为隐蔽的地方，但对小偷来说却是最明显的地方；有的学生为使用方便，带大量现金在身上，或直接压在被子下面；还有很多同学带手提包去教室上自习，在无自己同学看管的情况下去上厕所、打电话，或是将笔记本电脑、手机等贵重物品直接放在宿舍，自以为宿舍是自己的地盘，就放松警惕，不锁门就离开宿舍或者开门的时候不拔钥匙。正是在这些时候贵重物品很可能被盗。

（二）交友不慎，轻易相信别人

职业院校学生虽然文化知识丰富，但是实践机会很少，社会经验严重缺乏，这往往给不法分子制造了行骗的机会。女生天生容易动恻隐、怜悯之心，自然成为不法分子的"宠儿"。有的骗子利用女生这一点谎称自己被行窃，希望先借钱应急，而成功骗取钱财。乐于助人是美德，不过也能被不法分子利用来制造一场骗局。有的不法分子经常游荡在校园中，假冒学生，当发现宿舍只有一名同学时会谎称自己是该宿舍某某的同学，有急事，希望这名同学帮忙找一下，只要这名同学一离开，这个骗局就算是

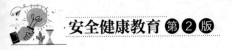

成功了。

（三）意识不强，自控能力较差

学生未踏入社会前，校园是他们最熟悉和最喜爱的环境，长时间处在这样一个简单的环境中，使他们不能深刻认识到社会的复杂性。有些学生因为缺乏常识，根本就不知道什么样的情况是危险的，出现危险时也不懂得基本自救的方法。有的女生在意识上并不认为独自一人深夜行走是危险的，所以近年来常发生一些女生被拐、被抢、被害的案件。

（四）碍于情面，缺乏应有责任

现在社会上有一种不良的风气，很多人只求自保，在自己眼前发生的违法违纪的事情，只要不损害自己利益，都会当作没看见。现在的学生也受到这种不良风气的影响，遇到违法违纪的行为不主动上报学校。如果是自己的同学违法违纪，他们甚至会碍于面子，选择"私了"的方式解决问题，这是在以一种错误的方式保护自己的同学，同时也使自己变相违纪。这种纵容行为只会使错误越陷越深，受害人越来越多。

（五）碰到问题，难以应对处理

许多学生不但表现为安全意识低，而且缺乏安全防范能力。面对安全事故、安全威胁，缺乏应有的处理和对抗措施。例如，有些学生不知道教学楼和宿舍的灭火器在哪里，甚至在寝室中使用"热得快"等大功率违章电器；有些学生不会使用灭火器，宿舍一旦起火，在慌乱中往往会选择最极端的方式，如跳窗户；有些学生当坏人闯进室内时，只会钻到被子下，自欺欺人；有些学生外出旅游遇到状况时不懂得自救和他救的方法，只能束手无策；等等。

（六）安全防范意识低，伤害事故严重

社会实践是学生踊跃参加的活动，比较普遍的是家教、打工和进行社会调查活动。但是学生思想相对比较单纯，社会生活经验不足，对于潜在的危险缺少预判和辨别能力，由此导致学生在求职过程中上当受骗而引发的生命安全事故频繁发生。

从以上几方面可以看出，学生的安全防范意识亟须加强。

三、学校安全教育现状

目前许多职业院校将安全教育列入学校教学计划，开设了安全教育课程。但一些学校仍然采取以教师讲授为主的单向传统教学方式，这容易使学生对教学内容反感、厌恶，难以取得良好的教学效果。

究其原因，一方面是由于学生安全教育课程的专职讲授人员少，多为没有教学经验的学校保卫、后勤干部或职工，教学能力水平差距大。有的学校甚至将该课程与思想政治课程合并讲授。一些学校邀请社区民警或经验丰富的保卫工作人员在新生入学时开展安全教育，但因课时少，大多以讲座的形式面对学生，只能是泛泛而谈，无法

保证学生都能听进去，安全教育效果和质量均难以保障。

另一方面，该课程极强的实践性决定了讲授时须有特殊方法，即多实践、少理论。要合理分配实践教学与课堂教学两个环节的比例，提高讲授人员的授课技巧、教学水平，特别是要掌握现代教学的各项方法和技能，从而保证教学效果。

由于一些学校缺乏教学设施和实践基地，安全教育多是课堂教学而缺少实践教学，因此其教学效果难以保证。

思考与探究

1. 结合本模块的案例，谈谈自己的感受。
2. 如果遇到案例中的这些事件，你会如何处理？
3. 你存在本模块中所讲到的"重点安全问题"吗？
4. 你认为安全教育在学校如何开展效果会更好？

●●●● 模块三　学生安全事件产生的原因分析

学习目标

1. 了解安全事件发生的原因。
2. 学会应对安全事件的处理方式。
3. 能做到预防安全事件的发生。

对安全事件的现状有了大致的了解后，思考一下：是什么原因导致安全事件的发生呢？针对已发生的事件应采取哪些措施呢？该如何预防呢？接下来针对安全事件产生的原因进行深入的剖析，并提出相应的解决措施。

一、安全事件的原因分析

（一）社会原因

1. 商品经济的驱使

在社会主义市场经济的主导下，学校教育越来越走向商品化。与以前的学校相比，现在的学校或多或少地表现出了营利性质。有的学校在利益的驱使下，并没有把学生的人身安全放在重要位置，使得学校的基础设施、设备存在安全隐患，以至于出现了一些不良后果，给学生带来了一定的伤害。

2. 社会结构的变化

我国目前正处于转型期，随着社会结构的逐渐变化，经济发展与社会和谐产生了一定的矛盾，引发了社会在一定层面上的不安定。在这样的社会大环境下，校园周边环境也会受到一定影响。社会中的一些犯罪分子看到了学校安全保护措施的薄弱，肆意侵害学生的健康和权益，甚至发生危及学生生命的恶性事件。

3. 政府有关部门的责任缺失

首先，政府有关部门没有意识到校园安全保护的重要性或对此认识不够，对学校的安全教育投入太少，以至于学校没有足够的经费来维护校园安全。其次，有关部门只在意形象工程，对学校的建设流于表面，出现校园建筑的"豆腐渣"工程、食物中毒、火灾等安全事故，这都是校园安全建设没有真正落到实处而造成的。

4. 学校周边环境日趋复杂

有的学校周边环境已经到了非整不可的阶段。校园周边歌舞厅、游戏厅、KTV、网吧、足疗店等大量存在，一些学生出入这些场所，引发事端，影响校园秩序，对在校学生的人身安全也构成了严重的威胁。尤其是网吧，很多自制力差的学生沉迷于网络游戏、聊天，花费大量时间、金钱，由此引发的治安问题也层出不穷。

学校安全工作的又一大隐患是学校周边的出租屋和流动人口的管理。特别是现在高教园区的建立，学校周围一般都是大面积的城乡接合部，很多民房稍加修整就可以出租，而且这些出租房屋至今未纳入地方公安机关的管理范围，以致大量黑旅社无证经营，交钱就可以租住，不仅给不法分子提供了便利，还助长了学生外宿和与他人同居的现象，可能成为藏污纳垢的场所，给学校的学生管理工作带来不便。

（二）学校原因

1. 学校培养方式的不健全

在我国职业院校，培养学生的文化素养和人文素养是学校的首要工作。一些学校为了片面追求高就业率，只注重学生的专业成绩，对于学生的道德素质培养不够重视。在这种片面、功利的教育环境下，有一部分学生养成了冷漠、孤傲甚至偏激的人格。久而久之，这些学生的心理发展偏离了正常的轨道，产生了偏执型人格。这些学生在与他人相处的过程中，不容易控制自己的情绪，完全按照自己的想法行事，不顾及他人的感受。这不仅容易增加学生间的摩擦，甚至还可能出现斗殴、自杀等现象。

2. 学校管理不够科学

职业院校的管理大多限于教学，校园安全管理存在不到位的问题。有的学校没有设置保卫科等相关科室，有的学校有管理安全的保卫处，但是没有实质性的作用，形同虚设。随着学校的扩招，在校学生日益增多，要确保所有在校师生的安全显得尤为重要。而学校在校园安全保护方面的管理不到位，使得近年来一些不法分子利用学校的这一薄弱环节，侵犯了在校师生的合法权益，在社会上造成了恶劣的影响，引起了广泛关注。

3. 学校教学内容不健全

在我国实施素质教育的今天，学生的各种素质都得到了一定的发展。可是当仔细查看专业和素质教育的内容时，不难发现，我国学校的安全教育少之又少。这样的缺失必然会让学生在实际生活中遭遇险境时不知所措，无法应对，以至于产生严重的后果。同时，安全教育涉及面广泛，种类繁多，有的学校在实施安全教育时并没有结合当地实际，使原本就不健全的安全教育更加片面化，无法使学生得到实用的安全知识，教学效果也就不言而喻了。

4. 对学生的安全教育和宣传不足

目前学校并没有把安全教育纳入教学计划，也没有规范的安全教育课程，因此学生不了解安全的重要性，也缺乏相关的安全知识。

5. 教师的职业素养不高

在学校教育过程中，难免会有言语过激之类的事件发生。学生在教师的逼迫下完成超负荷的学习任务，或者出现教师批评、体罚、辱骂学生等现象。这不仅不利于树立教师在学生心目中的良好形象，而且极度伤害了学生的自信心、自尊心，以及对学习的兴趣和动力，甚至还会造成学生的精神压力过大，使学生产生自卑、厌学的负面心理。这不但会导致学生成绩下降，而且还会导致学生厌恶、仇视学校。

6. 心理健康教育不足

如果教育存在偏重智力教育的倾向，那么就容易忽视思想道德、人文素质、实践能力和身心健康等素质教育。当前学校专职心理咨询人员严重短缺，仅有的一些心理咨询人员实际也是由辅导员或思想品德课甚至专业课的教师兼任。大部分学校没有正规的心理教育中心。

（三）家庭原因

1. 家长教育程度的影响

家长是学生生活的老师，一般说来，家长的受教育程度越高，对学生的思想道德、品格情操、文化素养方面的要求也越高。家长的世界观、人生观、价值观都在点滴生活中影响着学生的发展。家长对学生的要求是学生健康成长的一个关键因素，而家长对学生提出的要求也和自己的文化水平有关。受过高等教育的家长更能采取民主的方式和学生进行沟通，使学生在轻松愉快的家庭环境中受到良好的熏陶，帮助学生更好地面对生活。

2. 家长日常行为的影响

父母是学生最好的老师，学生除了在校期间，其余时间都是和家长在一起的。家长的行为会在日常生活中影响学生的行为。因此，如果家长行为不端正，那么学生沾染不良行为的概率也会随之增加。要想让学生形成良好的行为习惯，家长必须以身作则，引导学生的良好习性，纠正学生的不良习惯。只有这样，学生才会知道什么是应该做的，什么是不应该做的。

3. 家庭结构的影响

一般而言，一个完整的家庭更能给学生带来幸福感。相反，一个离异的家庭容易使学生形成不健全人格，使学生产生自卑、逆反、消极的情绪，使学生对生活失去信心和兴趣，这样就不利于学生身心的健康发展，使学生形成偏执型人格，最终成为父母婚姻失败的受害者，甚至走上犯罪的道路。

（四）学生自身原因

1. 学生性格气质使然

在心理学上，人的气质分为四种：胆汁质、多血质、黏液质、抑郁质。其中胆汁质的人遇事常欠思考，容易感情用事。这类人在遇到不顺自己心意的事情时，更容易表现出焦躁不安的情绪，会做出很冲动的事情。因此，这类人自控能力比较差，如果没有正确及时的引导，那么很容易导致违法行为的发生。

2. 学生的辨别能力差，自我保护能力不足

学生是在学校这个特定的环境中生活、成长的，基本与浮华的社会没有直接的联系。这使得学生不容易辨别社会生活中的好与坏，在商品经济社会中，充斥着很多不健康、非主流的文化，这与课本上所传授的内容大相径庭。学生在好奇心的驱使下，难免会抵挡不住诱惑。另外，学生的社会经验不足，自我保护意识不强，这也容易使学生轻信别人的话，没有防备之心的学生更容易成为不法分子的目标。这些必然会给学生的身心发展带来负面影响，造成不好的结果。

3. 学生安全意识薄弱

学生心理发育不健全，社会经验少。当前独生子女成为职业院校学生的主力军，他们从小被父母呵护，自主性差，对社会的复杂性知之甚少，当独立面对复杂的社会时，缺少安全意识和安全常识，对安全问题警惕性不高，遇到问题容易惊慌失措，从而加重危害。

由此可见，造成学校安全事故的原因不是单一的，而是在社会、学校、家庭、学生自身等多方面因素的共同作用下产生的。因此为了有效地解决这一问题，必须从问题产生的原因出发，找出解决的良策。下面着重讨论校园安全事故的对策。

二、职业院校安全事故的对策

（一）加强校园安全事故处理机制

1. 完善学校培养机制，促进学生全面发展

学校素质教育要求学生在德、智、体、美、劳方面都要平衡发展，为此学校在对学生进行培养时，必须五种教育并举。在条件允许的情况下，应该根据学生自身特点，因材施教，教师要善于发现每个学生的长处，使学生找到自己的特长，以便进行重点培养。在对学生的考核过程中，不能只注重专业成绩的评定，而应该结合学生的思想品德、日常行为规范、身体素质、劳动表现等方面进行全面的考核。

2. 完善学校安全教育体制

学校在重视文化教育的同时，还要及时向学生传授相关的安全教育知识，以提高学生的自我保护能力。在教学过程中，可以教授学生如何避险、如何预防火灾、自然灾害等，也可以组织学生观看有关安全教育的知识讲座，使学生能够意识到安全教育的重要性，学习到生活中必要的安全知识，以便在其遭遇危险时能把风险降低到最低；同时也要开展生命教育，让学生明白生命的珍贵，让学生学会保护生命、尊重生命；另外还要开展挫折教育和心理辅导。现在的学生学习负担重，心理压力大。在家长保护下长大的学生不能正确对待生活中的困难与挫折，这就可能让学生不能以正确的态度去面对生活中的得失，有的学生因为不堪重负而选择轻生。为此，学校开展挫折教育和心理辅导，正是为了解决学生在学习生活中的种种负面情绪，在教师正确的引导下，积极面对生活中的失败，从中汲取人生的教训，这样才能确保学生以从容的心态面对以后的生活。学校应该给每个年龄段的学生配备一名心理辅导员，相应地配有心理辅导室，当学生遇到心理问题时，可以得到相关辅导教师的及时开导，避免其走向极端。学校还应该加强学生的法律意识，教授学生法律知识，利用班会、课外活动等形式，通过幻灯片演示、教师和同学互动等教学方法，让学生学习到较为实用的安全知识和自我保护技能。

3. 改善学校安全管理机制

学校是全体师生共同生活的地方，学校的管理机制直接关系到全校师生的安全。为此，必须加强学校安全管理机制建设，形成由上至下、由点到面的安全系统。首先，学校门卫处必须设立保卫科，聘请专业的保安负责学校的治安工作。其次，要建立班主任负责制。学校以班级为单位，从校长出发，形成校长-保卫处处长-班主任的自上而下的责任系统。每个班的班主任是班级安全管理的最直接负责人，主要工作包括学生日常学习生活管理、学生在校期间的安全管理、教室相关安全设备的管理等。最后，必须完善学生宿舍楼的安全制度，如每周安排一定数量的值班老师巡查宿舍安全、在宿舍门口安装监控摄像头、外人进出宿舍必须登记等。同时也要注意宿舍楼内相应电器的使用情况，对漏电、偷电情况进行相应的处理，确保学生的用电安全。

4. 加强对教师专业素养的考核

一名合格的教师不仅应该具备扎实的专业基础知识，而且应该具备良好的职业道德素质。在教学过程中教师要把自己与学生放在平等的位置，尊重学生的意见，不能因为学生的成绩不好而对学生进行体罚。教师还应该具备一定的教育学和心理学知识，在教育教学过程中能遵循教育规律，在学生迷茫时要及时指点和帮助学生，使学生在教师的指导下迅速走出困境，以良好的状态投入学习中。同时，教师还必须具备一定的安全知识，如班级内有学生受伤了，教师要能帮助学生简单清理伤口、包扎等，以降低对学生的伤害。

（二）加强学生家庭安全教育机制

1. 建立"学校–家庭联合机制"

学校通过通信手段联系家长，传达学校在安全教育方面的措施和决定，进一步协调学校和家长间的安全教育关系，让家长能配合学校的管理制度，共同教育好学生。同时，家长也可以针对学校安全管理体系提出自己的想法，从而进行讨论，以便进一步完善学校的管理系统，更好地服务于学生。

2. 家长教育理念的完善

现在学生的人格独立意识逐渐增强，在家庭中他们也渴望得到父母的理解和尊重。为此，在家庭教育中，家长应该采取民主的方式，虚心接受学生的意见，尊重学生的喜好和选择，遇到分歧时需要及时和学生进行沟通，使学生形成正确的人生观、价值观，并能在轻松的生活环境中健康成长。只有这样，学生才会形成积极向上的人格，才能减少学生的极端行为，缩短他们的叛逆期。

3. 家长应注意不断警示学生安全教育

在学生的培养过程中，学校教育是主要部分，但是家庭教育也是必不可少的。除了学校的安全教育，家长也要持之以恒地进行安全教育。虽然这样的知识琐碎繁杂，但是对学生的生活安全有很大的影响。因此，家长要不厌其烦地教导学生相关的生活安全知识，以便学生自主生活时能更加得心应手。

（三）加强学生自身安全教育机制

1. 尽力改善学生不良性格

正处于青春期阶段的学生自我意识逐渐加强，做事容易冲动、好强，脾气暴躁，容易发生安全事故。老师和家长要密切关注学生的一些偏激行为，及时制止并纠正，使学生意识到自己的错误。同时，老师和家长还可以开展一些活动来陶冶学生的情操，培养学生良好的性格。对于出现偏激情绪的学生，老师和家长要及时和他们沟通，深入学生当中，使他们信任自己，了解学生的心理变化后，应正确引导学生，使他们拥有良好的性格。另外，学生也要意识到自己的年龄段特征，时时关注自己情绪的变化，在遇到问题时，要学会控制自己的情绪。

2. 提高学生自我安全保护意识

无论是在校内还是校外，难免会有一些突发状况的发生。这时如果学生没有安全保护意识，很容易受到伤害。为此，学生应该积极主动地在课内课外学习安全保护知识，树立安全保护意识，在遇到紧急情况时善于保护自己，把损害降到最低。同时，学生还要提高辨别能力，能分清身边事物的好与坏，能自觉抵挡诱惑。最后，学生需要通过社会实践活动增加自己的社会经验，使自己能够正确对待社会中形形色色的人和事，从而提高自我保护能力。

 **思考与探究**

1. 除了本模块所讲的原因，你觉得造成安全事件的原因还有什么呢？
2. 观察自己的生活、学习、社会实践环境，梳理可能出现的安全问题，并思考如何避免相关安全问题。
3. 面对身边的各种诱惑，你是如何抵挡的呢？

●●●● 模块四 学生安全教育的必要性

学习目标

1. 明确安全教育的重要性。
2. 提升安全意识。
3. 学会自我保护。

在职业院校开展安全教育是促进学生成长的需要。职业院校学生既是祖国未来的建设者，又是他们自己今后幸福人生与美好生活的开创者。加强学生的安全教育，提升其安全素养、法律意识及自护自救、帮助他人的意识与能力，保障学生生命财产安全，是学校安定、社会稳定和谐的基础。学生安全教育有入学教育、课程教育和日常教育等多种途径，以安全意识、安全责任、安全知识及防范技能等为主要内容。

一、加强安全教育的必要性

（一）安全教育的内涵

安全教育分为社会安全教育和个体安全教育两部分。学生安全教育应当侧重于个体安全教育，主要包括以下几个方面：一是教育理念要做到以人为本，切实扭转只重视国家和社会安全意识的培养而忽视个体安全防范的情况；二是学生为安全教育的直接受益者，学校和政府作为安全教育的主办方，除了进行社会安全教育，还应当更多地以学校及相关社区为主要场所，进行个体安全教育；三是在教育内容上，不仅要有社会安全教育，而且还要将个体安全教育在各个层面充实起来，再上升到社会安全的高度，相应的社会安全方面与法律和思想修养相关的内容可以适当削减，留待相关课程进行专门的讲解；四是在教育目的上，不能仅关注学生的国家安全意识、社会安全意识的培育，还要切实将个体安全教育的内容充实和深化下去，从而为社会安全教育打下坚实的思想基础。

（二）安全教育的内容

1. 校内校外的安全

学校内外的安全环境是学生安全地学习生活的基础。在校内，学校须教育学生严格遵守校园及宿舍"安全用电"的相关制度，注意用电安全；教育学生谨防火灾，若发生火灾，须头脑冷静，理性逃生；平时应谨防扒窃、入室盗窃、网络盗窃等。在校外，学生应提高安全意识，注重安全，如在公交车上或者夜间行路时注意安全，晚上按时回宿舍等。学校应提醒学生注意自己的生命财产安全。

2. 心理的安全

良好的心理素质是学生身心健康、人格健全的基础。中国教育网的研究报告表明，近年来职业院校学生出现心理障碍率达到30%。33%的人认为心理障碍是学习、生活与就业的压力引起的；而35%的人认为是应试教育致使家长、学校过度呵护，学生缺乏应对学习、生活中困难与挫折的心理承受力等原因引起的。在新形势下，学校应重视学生的心理安全教育，建立科学的学生心理健康教育与管理体系。通过开设心理健康教育课程、专家讲座、建立心理健康档案，以及创造和谐良好的校园文化氛围和融洽的人际关系，促进学生心理健康发展。同时要求学生在日常生活中应注意合理饮食，加强身体锻炼，陶冶情操，开阔心胸，避免长时间处于紧张情绪之中。

3. 网络学习的安全

网络是当今职业院校学生了解社会信息、学习知识的重要工具和途径，当代学生的教育离不开网络信息技术。网络信息技术的发展给意识形态安全带来了新的挑战。网络安全问题关系到国家意识形态的安全，也关系到学生学习的安全。因此，为防止不良的、破坏性的网络行为发生，学校须强化网络安全责任感，引导学生提高网络信息辨别能力。同时要把安全知识、法规知识、有关法律等在网上公开宣传，进行网络教育，普及安全知识，充分利用网络信息技术的优越性，保障学生网络学习的安全。

4. 恋爱的安全

爱情是一个古老而常青的话题，爱情像一件高超的艺术作品，无论怎么研究也难穷尽其奥秘。处于青春期的学生，其性生理、性心理日渐成熟。对于学生而言，须树立科学的恋爱观，端正恋爱动机，发展适当的恋爱关系。适当的恋爱关系具体包括以下内容：建立志同道合的恋爱关系；摆正爱情与事业的关系；懂得爱情是一种责任和奉献。由于校园里恋爱受到许多因素的影响和制约，在追求爱情的过程中，学生难免会遇到单恋、失恋、爱情挫折等情况，其中失恋是极严重的一种挫折。因此，应培养学生的承受能力，使其受到挫折时能够合理疏导情绪，将对自己的伤害降到最低。

（三）安全教育的途径与方法

1. 建立、完善相应的安全教育课程体系

安全教育须结合学生身心特点，从教学大纲、课程设置、课程实施、评价考核等方面构建完整课程体系，使学生的安全教育规范化、制度化。教学大纲要遵循现代高等教育的规律和要求，符合高等教育要求，具有可操作性。安全教育计划要考虑不同年龄不

同时段完成的教育内容及学生整个在校期间应接受的安全知识。对于课堂教学，让安全教育系统性、计划性地进行，针对不同时期学生的倾向性问题，安排课程实践活动。在安全教育内容上，根据有限的教学资源、教学时间，有针对性地进行科学选择。在考核上，安全教育课在期末应同其他非专业课的考核一样，进行考试或考评并将结果纳入学生综合成绩测评系统。学校应在科学设备等方面加大财力投入，针对不同时期学生特点及学校内发现的一些心理不安全的个体建立心理安全防控机制。早发现、早调控，合理干预并进行相应的心理救助，如做好学生心理咨询工作，为学生的心理安全保驾护航。

2. 加强师资队伍建设，保证教学效果

在加强学校安全教育工作队伍建设中，须打造专职教师团队。提高专职教师队伍的政治素质，增强他们的政治敏锐性，正确对待国际国内的热点、焦点、难点问题。定期对安全教育师资队伍进行业务培训，使其熟练掌握文化安全教育，网络安全教育，心理健康教育，防火、防盗、防身等知识。在安全教育过程中，应让安全教育知识进网络、进社团、进宿舍。适当加大校园安全教育管理的科技化、网络化。立足影响学生安全的不同因素，通过制定不同的安全教育途径、方式、方法，科学引导学生进行安全教育学习。

3. 建立并完善安全教育的管理制度

安全管理制度是实现依法办学、依法治校的依据和保障，是校园安全防范体系的重要组成部分。完善相关的安全管理制度，充分发挥学生自我教育、自我管理及自我服务的作用。完善校园秩序管理、危险品安全管理，以及化学生物实验室管理等，不断完善安全教育制度。按照有关规章制度，把安全责任落实到个人，落实责任人的相关责任，让人人关心安全问题。让学生直接参与学校安全管理，使学生切实感受安全的重要性。在具体安全教育管理过程中，应依据社会治安形势的变化发展，通过张贴标语或海报的方式，警示学生，提高安全意识。为了帮助学生掌握安全防范技能，可结合学生兴趣特点，举办校园安全月等活动，积极营造校园安全文化，提高学生的心理素质。创办与安全知识和防范技能有关的刊物，定期通过网络、电视、广播等媒介向学生宣传防范技能等安全知识，从而调动他们自觉参与安全教育的积极性，增强安全防范意识和技能。

（四）安全教育的重要意义

1. 孩子安全，全家幸福

孩子是一个家庭的希望，孩子们的生命安全与健康成长是涉及亿万家庭幸福的大事，是家庭、学校和社会共同的责任，是构建社会主义和谐社会的重要基础。

2. 学生安康，学校稳定

职业院校学生应遵纪守法，严格遵守学校规章制度，认真学习文化知识，钻研专业理论，强化专业技能，自觉参加安全教育活动，努力提高安全素养，以实际行动践行社会主义荣辱观，成为创建和谐校园的优秀职业院校学生，成为有理想、有道德、

有文化、有纪律的社会主义建设者和接班人。

3. 工作安全，企业发展

在实习过程中，注意保护自己，牢记安全守则，遵守企业规章制度，促进个人与企业双发展。

4. 国家安定，社会和谐

职业院校学生应时刻保持清醒的政治头脑，必须胸怀祖国，勇于承担中华民族伟大复兴的历史重任，维护国家安全，维护国家荣誉。

二、牢固树立安全意识

目前职业院校学生存在的安全事件，大多是由学生的安全意识淡薄造成的，因此提升安全意识刻不容缓。

（一）提高学生的认知能力

加强学生的安全意识，首先要做的就是提高学生认识危险的能力，意识到当前社会中存在的各种安全隐患，明确校园并不安全，只有掌握一定的防范意识和辨别骗子的能力，才能防范安全问题的发生；其次，引导学生关注社会安全问题，了解社会治安与校园环境，掌握常见的校内安全设备的使用方法，如了解消防栓、消防管的使用方法，从而进一步保障学生的安全；最后，提高学生辨识社会人员的能力，遇见"口吐莲花"的陌生人要有一定的警惕心理，防止上当受骗。

（二）树立"安全超前"意识

根据马斯洛需求层次理论，安全的需要是人的基本需要。培养职业院校学生"安全超前"的意识，就是通过了解典型案例，学习相关安全知识，从而增强危机防范意识，训练应对危机的方法和手段，最终达到提升安全素养的目的。

培养"安全超前"的意识对学生日常生活有直接帮助。社会治安形势严峻，一些犯罪的"黑手"已经伸入校园。例如，"高利贷"潜入校园就值得大家警惕，在校学生多数靠父母支付生活费用，没有稳定的收入，有些学生入不敷出时，就染指"高利贷"，去炒股、赌球，欠债后被逼还债从而引发犯罪。"高利贷"为学生提供了一种现金随意支付的可能性，滋长了挥霍的不良风气，危害性很大。另外，非法证券"黑手"也已伸入校园，学校要重视并防范。

培养"安全超前"的意识对职业院校学生更具有现实意义。"以就业为导向"的职业教育理念，要求学生在学习专业知识、训练专业能力的同时，也要重视安全意识的培养。"条条制度血写成，不可用血去验证。"学生要认真学习安全生产知识，严格遵守操作规程，养成规范习惯，方能保障安全生产，杜绝生产事故的发生。

（三）增强主动应变的意识和能力

剖析典型案例，学习安全知识，增强防范意识，就是为了在危机发生的关键时刻，能够积极主动并善于应对侵害，自护、自救、援助他人，保障安全。职业院校学生首先要在日常生活中学会应对危机的方法与技巧。

典型案例

　　小林是职业学校的一名学生，一天放学后，在回家路上被几个男生跟踪。小林感觉到这几个男生的不善，一边在前面加快脚步，一边想办法摆脱几个人。此时正好来到一个岔路口，小林没有按照往常的路线回家，而是拐到了人多的路上，然后打车回家了。小林安全到家后，把整个过程告诉了父母，并在学校告知了老师，经过了解，原来是在学校里经常惹是生非的几个同学跟踪了她，学校对他们进行了严肃处理。

　　同时，"以服务为宗旨，以就业为导向"的职业安全教育必须贴近企业的实际和岗位的需要。例如，从事现代服务行业的职业院校学生在实际工作中不但要热情接待客户，还要照看好商品，并要尽可能地帮助顾客防范盗窃事件的发生。这其中不但需要具备高度的安全意识，更要讲究应对危机的技巧和方法。

（四）强化守法自律的意识和能力

　　职业院校学生的法律意识现状令人担忧。一项调查显示，我国学生对《未成年人保护法》和《预防未成年人犯罪法》的基本了解率分别只有 24.7% 和 16.4%。学生对与其权利和义务密切相关的这两部法律尚且知之甚少，更不用说其他法律了。这从一个侧面反映出，目前青少年的法律知识水平、法律意识和法律素质都亟待提高。

典型案例

　　小松的父母是生意人，年收入在 300 万元以上。父母生意太忙，没时间管他，有时一周才能见一次面。他认为"晚上一个人在家很寂寞，出去搞点事才觉得刺激"，于是半年内 7 次抢劫中学生。他被捕后还无知地说："我好像听说，不满 18 岁的人就是犯了法也不用负刑事责任。"《中华人民共和国刑法》第 17 条明确规定："已满 16 周岁的人犯罪，应当负刑事责任。已满 14 周岁不满 16 周岁的人，犯故意杀人、故意伤害致人重伤或死亡、强奸、抢劫、贩卖毒品、放火、爆炸、投毒罪的，应当负刑事责任。"此案中，小松已满 16 岁，必须负刑事责任。

　　一份来自中国青少年犯罪研究会的调查资料表明：近年来，我国青少年犯罪总数已经在全国刑事犯罪总数中占相当高的比例，其中 15 岁、16 岁少年犯罪案件又占了青少年犯罪案件总数的 70%。职业院校学生正处于这个危险的年龄段，有的地区职业院校学生犯罪率明显偏高。

　　职业院校学生守法自律意识的形成对培养良好职业道德具有深远意义。走入社会的职业院校学生面对光怪陆离、处处充满诱惑的现实，如果缺乏遵纪守法的意识，缺少必要的自我约束力，那么很容易走入"唯利是图"的歧途，走上犯罪的道路。

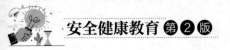

安全健康教育 第2版

（五）提高心理调适的意识和能力

职业院校学生心理问题日渐增多，加强心理安全教育的重要性日益显现。

典型案例

2020 年，人民日报官微报道了南京医科大学医学生邱怀德的事迹，震撼了无数网友。《人民日报》发文，标题为《26 岁小伙与帕金森战斗 12 年，从"拄拐少年"变身"肌肉小哥"》。

2007 年，14 岁的邱怀德出现了走路不对称的症状。2010 年，他的双手也开始不受控制地颤抖。医院查不出病因，更无法给出解决方案。为了查清自己的病，邱怀德决心报考医学院校。高考时，他的成绩足以上厦门大学，但他却坚持复读一年，终于在第二年考入南京医科大学。大学期间，他的病情进一步恶化，最严重的时候，他连步子都迈不开，只能靠同学搀扶。

虽然困难重重，但邱怀德的成绩却一直保持在年级前列，连年获得各种奖学金。毕业时，他又从 300 多人中脱颖而出，成功保研南京医科大学康复医学专业。研一时，通过基因检测，邱怀德确诊患的是青少年型帕金森病。目前无法治愈，只能靠药物和康复训练维持身体机能。

也是从研一起，邱怀德开始进健身房进行康复训练。2020 年夏天，邱怀德研究生毕业，即将攻读博士学位，他也从拄拐的病弱少年蜕变成了健壮的肌肉小哥，立志推动帕金森病治疗方面的研究。

面对挫折有些人一蹶不振，有些人自怨自艾，而有些人却像邱怀德一样越挫越勇，人生总是变故不断，只有抗挫力强的人，才能从变故中迅速振作，保持自信，走得更远。

因此，培育职业院校学生良好的心理素质，增强抗挫折能力及与他人交往的能力，学会寻求自我救助的办法，有利于学生毕业后尽快适应社会，顺利步入新的人生阶段。

（六）引导学生参与安全实践

目前校园教育重视培养学生的理论知识，但缺少必要的实践能力和操作技能的教育。例如，学生都知道灭火器是消防设备，但基本没有学生知道它的正确使用方法，这就导致当前的安全教育未能达到其应有的效果。安全教育应该注重理论教育与实践相结合，在日常生活中不仅要教会学生什么是安全，还要培养学生应对风险的能力，可以通过消防演习等方法模拟危险情况，以增强学生的应变能力。

思考与探究

1. 进行安全教育的意义是什么？
2. 可以通过哪些方式来宣传安全教育？
3. 生活中可以从哪些方面进行安全防范？

第二单元

学生公共安全

•••• 模块一　国家安全

学习目标

1. 了解国家安全的定义。
2. 熟悉维护国家安全的相关概念。
3. 认识危害国家安全的行为和法律责任。
4. 理解国家安全教育的重要性。
5. 掌握维护国家安全的做法。

国家安全是国家的根本所在，国家利益高于一切，维护国家的利益和安全，是每个公民的神圣义务，任何情况下都不得做出有损国家安全的事情，并自觉与一切损害国家安全的行为做斗争。国家安全不仅关乎国家的兴亡，还关乎每个公民的切身利益。2016 年 4 月 15 日，是《中华人民共和国国家安全法》确立的首个全民国家安全教育日。党的二十大报告明确指出，必须坚定不移贯彻总体国家安全观，把维护国家安全贯穿党和国家工作各方面全过程，确保国家安全和社会稳定。对职业院校学生来说，维护国家安全更是义不容辞的责任，是党和国家对每个职业院校学生的基本要求。

一、国家安全的概念

国家安全一般是指国家政权、主权统一和领土完整，人民福祉、经济社会可持续发展和国家其他重大利益相对处于没有危险和不受内外威胁的状态，以及保障持续安全状态的能力。国家安全不是模糊遥远的概念，而是明确具体的，它与每个人都息息相关。

《国家安全学》对"国家安全"概念的解释：国家安全就是一个国家处于没有危险的客观状态，也就是国家既没有外部的威胁和侵害又没有内部的混乱和疾患的客观状态。这是国家安全的基本含义。但无论是"没有外部威胁"，还是"没有内部混乱"，都不是国家安全的特有属性，由此并不能把国家安全与国家不安全完全区别开来，单独从这两方面的任何一方面来定义国家安全，都是片面的、无效的。只有在同时没有内外两方面的危害的条件下，国家才安全。

二、维护国家安全

（一）什么是维护国家安全

维护国家安全是指维持和保护国家政权和社会制度的平安、稳定。广义地讲，包括保障国家生存与发展的安全，即防御和抵抗侵略，制止武装颠覆，保卫国家的主权统一、领土完整和安全等。

维护国家安全、荣誉和利益，是实现国家富强、民族振兴的重要保证，是公民爱国主义精神的具体表现，是每个公民义不容辞的职责。

2015年7月1日全国人民代表大会常务委员会通过的《中华人民共和国国家安全法》第十一条规定，中华人民共和国公民、一切国家机关和武装力量、各政党和各人民团体、企业事业组织和其他社会组织，都有维护国家安全的责任和义务。中国的主权和领土完整不容侵犯和分割。维护国家主权、统一和领土完整是包括港澳同胞和台湾同胞在内的全中国人民的共同义务。

在我国，维护国家安全是指保卫中华人民共和国人民民主专政的政权和社会主义制度，保障改革开放和社会主义现代化建设的顺利进行，是国家安全机关和公安机关的重要职责，也是一切国家机关和武装力量、各政党和各社会团体及各企业、事业组织的义务。

国家对支持、协助国家安全工作的组织和个人给予保护，对维护国家安全有重大贡献的给予奖励。国家安全机关为维护国家安全的需要，必要时，按照国家有关规定，可以优先使用机关、团体、企业事业组织和个人的交通工具、通信工具、场地和建筑物，用后应当及时归还，并支付适当费用；造成损失的，应当赔偿。国家安全机关为维护国家安全的需要，可以查验组织和个人的电子通信工具、器材等设备、设施。

（二）如何维护国家安全

党的二十大不仅指出了贯彻总体国家安全观的重要性，并且提出了做好国家安全工作的四方面要求：一是健全国家安全体系，二是增强维护国家安全能力，三是提高公共安全治理水平，四是完善社会治理体系。为了落实党的二十大关于国家安全方面的要求，确保国家安全和社会稳定，我们必须做好（但不限于）如下工作。

（1）机关、团体和其他组织应当对本单位的人员进行维护国家安全的教育，动员、组织本单位的人员防范、制止危害国家安全的行为。

（2）公民和组织应当为国家安全工作提供便利条件或者其他协助。

（3）公民发现危害国家安全的行为，应当直接或通过所在组织及时向国家安全机关或者公安机关报告。

（4）在国家安全机关调查了解有关危害国家安全的情况、收集有关证据时，公民和有关组织应当如实提供，不得拒绝。

（5）任何公民和组织都应当保守所知悉的国家安全工作秘密。

（6）任何个人和组织都不得非法持有属于国家秘密的文件、资料和其他物品。

（7）任何个人和组织都不得非法持有、使用窃听、窃照等专用间谍器材。

（8）抵制邪教。

典型案例

某校学生张某，出生在山区农村，家庭环境极其艰苦，但他奋力拼搏，考取了某大学。由于他学习刻苦，成绩一直名列前茅，且热爱集体，团结同学，还多次获得奖学金，受到学校的表彰。一个偶然的机会他接触到邪教，整日看邪教的书籍，并投入大量精力"练功"。这样的经历让他的成绩迅速下滑，引起了家长和老师的注意，经过谈话了解到他的经历，后来父母和老师都告诉他邪教的危害，才将他挽救回来。

张某由于平时学习刻苦、团结同学、表现较好，本应成为优秀人才，但受邪教的毒害，从思想上被其左右，由此可见，邪教宣传的歪理邪说既伤害个人，也危害社会，大家都应从中吸取深刻的教训。

知识拓展

1. 什么是邪教

1999 年 10 月，我国在最高人民法院、最高人民检察院《关于办理组织和利用邪教组织犯罪案件具体应用法律若干问题的解释》中，给邪教下了明确的定义：邪教组织，是指冒用宗教、气功或其他名义建立、神化首要分子，利用制造、散布迷信邪说等手段蛊惑人心、蒙骗他人，发展、控制成员，危害社会的非法组织。

2. 邪教的危害

残害生命，侵犯人权；骗取钱财，精神控制；破坏生产，扰乱社会；侵蚀政权，践踏法律。

3. 邪教如何骗人

用歪理邪说欺骗人；用宗教幌子蒙蔽人；用治病免灾诱惑人；用小恩小惠笼络人；用暴力行为胁迫人。

4. 怎样认清邪教

邪教都谎称自己是宗教，打着宗教的旗号搞活动。邪教自称是"信神""信教""信耶稣""传福音"，实际上是让人们相信他们自己立的邪教头目，如"女耶稣""三赎"等。邪教一般都有以下特点。

（1）邪教会偷偷摸摸到人家里"传教"，偷偷摸摸搞聚会，甚至不敢说真名，用所谓的"灵名"或化名。

（2）邪教用小恩小惠拉拢人，让人抛家、弃学去相信"神"。

（3）邪教宣扬"世界末日"就要到了，只有加入他们的组织才能得救。

（4）邪教鼓吹入了"教"能治病、能消灾避难。

（5）邪教让人把政府、社会、普通老百姓当成"魔"，以"神"的名义煽动受骗群众和政府对着干等。

5. 遇到邪教活动怎么办

第一，不听、不信、不传。

第二，检举揭发邪教的违法活动，及时向村干部、公安机关报告。

6. 处理邪教问题的法律法规

《中华人民共和国刑法》第三百条规定：组织和利用会道门、邪教组织或者利用迷信破坏国家法律、行政法规实施的，处 3 年以上 7 年以下有期徒刑；情节特别严重的，处 7 年以上有期徒刑。

组织和利用会道门、邪教组织或者利用迷信蒙骗他人，致人死亡的，依照前款的规定处罚。

组织和利用会道门、邪教组织或者利用迷信奸淫妇女、诈骗财物的，分别依照《中华人民共和国刑法》第二百三十六条、第二百六十六条的规定定罪处罚。

1999 年 10 月 30 日，第九届全国人民代表大会常务委员会通过的《全国人民代表大会常务委员会关于取缔邪教组织、防范和惩治邪教活动的决定》明确指出，对邪教组织要坚决取缔。最高人民法院、最高人民检察院也先后两次就关于办理邪教组织犯罪案件问题做出了司法解释，为取缔和打击邪教组织提供了有力的法律武器。

《中华人民共和国治安管理处罚法》第二十七条规定，有下列行为之一的，处 10 日以上 15 日以下拘留，可以并处一千元以下罚款；情节较轻的，处 5 日以上 10 日以下拘留，可以并处五百元以下罚款。

（1）组织、教唆、胁迫、诱骗、煽动他人从事邪教、会道门活动或者利用邪教、会道门、迷信活动，扰乱社会秩序、损害他人身体健康的。

（2）冒用宗教、气功名义进行扰乱社会秩序、损害他人身体健康活动的。

此外，邪教活动违反我国《集会游行示威法》《未成年人保护法》《社团管理登记条例》等法律法规的，也要承担相应的法律责任。

（三）如何维护国家利益

（1）维护民族尊严、国家主权统一和领土完整，同破坏祖国统一、民族分裂的行为做斗争。

（2）拥护国家的民族政策及外交方针，声讨分裂分子及西方少数国家的暴行。

（3）努力学习科学文化知识，增强创新能力，树立创新意识，自觉履行受教育义务，为实现中华民族伟大复兴而奋斗。

（4）增强民族自信心和民族自豪感，树立社会责任感，提高自身道德修养，树立崇高的理想及正确的人生观、价值观。

三、危害国家安全的行为与法律责任

（一）危害国家安全的行为

《中华人民共和国国家安全法》明确规定：危害国家安全的行为，是指境外机构、组织、个人实施或者指使、资助他人实施的，或者境内组织、个人与境外机构、组织、个人相勾结实施的危害中华人民共和国国家安全的行为。危害国家安全的行为具体有如下几方面。

（1）阴谋颠覆政府，分裂国家，推翻社会主义制度的。

（2）参加间谍组织或者接受间谍组织及其代理人任务的。

（3）窃取、刺探、收买、非法提供国家秘密的。

（4）策动、勾引、收买国家工作人员叛变的。

（5）进行危害国家安全的其他破坏活动的。

📇 典型案例

李某在毕业前夕，被在校任教的外籍英语教师、某情报局间谍策反，参加了外国情报组织，并为该组织收集我国的各类情报。这位外籍教师以协助李某就业，担保出国，物质、金钱引诱等手段将其拉拢，发展为情报人员。所幸被公安机关发现较早，没酿成大祸。

毕业后找到一份理想的工作，或者能够继续出国深造，是每一个毕业生的梦想。面对国内日益严峻的就业形势，学生难免会想出一些极端的办法。国外间谍组织也正是利用了这种需求心理，许以各种诱惑，用各种手段进行腐蚀、拉拢，把一些意志薄弱、经不起诱惑的同学"拉下水"，发展成为谍报组织服务的工具。

📖 知识拓展

《中华人民共和国反间谍法实施细则》对"资助""勾结"实施危害国家行为和危害国家安全的"间谍行为以外的其他危害国家安全行为"的界定。

1. 对"资助"的界定

所称"资助"实施危害中华人民共和国国家安全的间谍行为，是指境内外机构、组织、个人的下列行为。

（1）向实施间谍行为的组织、个人提供经费、场所和物资的。

（2）向组织、个人提供用于实施间谍行为的经费、场所和物资的。

2. 对"勾结"的界定

所称"勾结"实施危害中华人民共和国国家安全的间谍行为，是指境内外组织、个人的下列行为。

（1）与境外机构、组织、个人共同策划或者进行危害国家安全的间谍活动的。

（2）接受境外机构、组织、个人的资助或者指使，进行危害国家安全的间谍活动的。

（3）与境外机构、组织、个人建立联系，取得支持、帮助，进行危害国家安全的间谍活动的。

3. 对"间谍行为以外的其他危害国家安全行为"的界定

所称"间谍行为以外的其他危害国家安全行为"，是指境内组织、个人与境外机构、组织、个人的下列行为。

（1）组织、策划、实施分裂国家、破坏国家统一，颠覆国家政权、推翻社会主义制度的。

（2）组织、策划、实施危害国家安全的恐怖活动的。

（3）捏造、歪曲事实，发表、散布危害国家安全的文字或者信息，或者制作、传播、出版危害国家安全的音像制品或者其他出版物的。

（4）利用设立社会团体或者企业事业组织，进行危害国家安全活动的。

（5）利用宗教进行危害国家安全活动的。

（6）组织、利用邪教进行危害国家安全活动的。

（7）制造民族纠纷，煽动民族分裂，危害国家安全的。

（8）境外个人违反有关规定，不听劝阻，擅自会见境内有危害国家行为或者有危害国家安全行为重大嫌疑的人员的。

（二）危害国家安全的法律责任

危害国家安全的，要承担刑事法律责任或者行政法律责任。根据其危害的结果进行处罚，具体有管制、拘役、判刑（有期、无期、死刑或死缓）、罚金、剥夺政治权利、没收财产、行政处分（警告至开除等）、行政拘留、没收（如非法持有的属于国家秘密的文件等）、限期离境和驱逐出境（对境外人员的行政处罚）。

《中华人民共和国国家安全法》规定：境外机构、组织、个人实施或者指使、资助他人实施，或者境内组织、个人与境外机构、组织、个人相勾结实施危害中华人民共和国国家安全的行为，构成犯罪的，依法追究刑事责任。

明知他人有间谍犯罪行为，在国家安全机关向其调查有关情况、收集有关证据时，拒绝提供的，由其所在单位或者上级主管部门予以行政处分，或者由国家安全机关处15日以下拘留；情节严重的，处3年以下有期徒刑、拘役或者管制。

以暴力、威胁方法阻碍国家安全机关依法执行国家安全工作任务的，处3年以下有期徒刑、拘役、管制或者罚金。

故意阻碍国家安全机关依法执行国家安全工作任务，未使用暴力、威胁方法，造成严重后果的，处3年以下有期徒刑、拘役、管制或者罚金。情节较轻的，由国家安全机关处15日以下拘留。

对非法持有属于国家秘密文件、资料和其他物品的，以及非法持有、使用专用间谍器材的，国家安全机关可以依法对其人身、物品、住处和其他有关的地方进行搜

查；对非法持有属于国家秘密的文件、资料和其他物品，以及非法持有、使用的专用间谍器材予以没收。

非法持有属于国家秘密的文件、资料和其他物品，构成泄露国家秘密的，依法追究刑事责任。

境外人员违反国家安全法的，可以限期离境或者驱逐出境。

四、职业院校学生与国家安全

（一）国家安全教育

国家安全教育主要包括向学生介绍维护国家安全的责任、危害国家安全的行为、危害国家安全时应承担的法律责任、职业院校学生如何维护自己祖国的安全及维护国家安全时受到的保护和奖励等内容。加强国家安全意识和保密观念教育，提高学生的国家安全意识，能使其正确认识改革开放条件下隐蔽斗争的新形式和新特点，自觉抵御境内外敌对势力的渗透活动，并在涉外工作中保守国家秘密，防止国家机密外泄，维护国家利益和荣誉，保障国家安全。

（二）职业院校学生应如何维护国家安全

1. 要始终树立国家利益高于一切的观念

不论处于什么社会形态，实行什么样的社会制度，都视国家利益为最高、最根本的利益，把维护国家安全作为首要任务。国家安全涉及国家社会生活的方方面面，是国家、民族生存与发展的首要保障。所以，维护国家安全既是国家利益的需要，又是个人安全的需要。

2. 要掌握、遵守有关国家安全的法规

要认真学习、掌握有关国家安全的法律知识，特别应重点学习《中华人民共和国宪法》《中华人民共和国国家安全法》《中华人民共和国保守国家秘密法》等。懂得什么是合法，什么是违法，应该怎么做，不能怎么做，把自己的行为建立在自觉依法维护国家利益的基础上。

3. 始终保持警惕，提高鉴别力

隐蔽战线的斗争是极其复杂的。境外间谍情报人员常以友好使者、交朋友、学术交流、经济援助、出国担保、旅游观光、新闻采访等手段搜集情报。特别是在我国对外开放的情况下，隐蔽战线斗争的情况更加复杂。因此，只有保持高度的警惕性，提高鉴别力，才能在对外交往中，做到既热情友好，又内外有别；既珍惜个人友谊，又牢记国家利益；既能争取外援，又不失国格、人格。相反，如果丧失警惕，缺乏鉴别力，那么就难免上当受骗，甚至违法犯罪。

4. 要坚持自尊自爱，克服见利忘义的行为

在隐蔽战线斗争中，敌对势力为达到其目的，总是不择手段，以利诱之。因此，在对外交往中，必须自尊自爱，淡泊名利，自觉抵抗各种诱惑，就能在维护国家安全

中立于不败之地。

5. 积极配合国家安全机关的工作

国家安全机关是《中华人民共和国国家安全法》规定的国家安全工作的主管机关。国家安全机关和公安机关按照国家规定的职权划分，各司其职，密切配合，维护国家安全。

当国家安全机关需要职业院校学生配合工作时，在国家安全机关工作的人员表明身份和来意后，每个学生都应当按照《中华人民共和国国家安全法》赋予的义务，认真履行职责，尽力提供便利条件或其他协助，如实提供情况和证据，避免出现暴力、威胁等事件妨碍执行公务。

在今天这个信息全球化、经济一体化日益深化的时代，国家安全所面临的挑战呈现出前所未有的复杂性、多样性和艰巨性，身处其中的国家公民，尤其是当代职业院校学生，不管是在校学习期间，还是以后走上工作岗位，都要时刻面对国家荣誉、国家安全、国家利益对自身道德水准的考验。因此，要时刻加强对自己的价值观、道德观和民族自豪感的培养，把自己的行为建立在自觉依法维护国家利益的基础上。

在职业院校学习期间是学生世界观、人生观、价值观形成的重要时期，也是国家安全意识养成最重要的时期。学生是国家建设的中坚力量，也是国家的未来和希望。学生的国家安全意识将直接关系到国家的稳定和社会主义社会的建设。"国家利益高于一切"，珍惜祖国荣誉，维护国家的安全和利益，是每个职业院校学生的神圣职责。

小贴士

维护国家安全，职业院校学生应做到以下几方面。

（1）要始终树立国家利益高于一切的观念。

（2）要努力熟悉有关国家安全的活动、法规。

（3）要善于识别各种伪装。在对外交往中，既要热情友好，又要内外有别、不卑不亢；既要珍惜个人友谊，又要牢记国家利益；既可争取各种帮助、资助，又不失国格、人格。识别伪装既难又易，关键就在于淡泊名利，若发现别有用心者，应及时举报，进行斗争，决不准其恣意妄行。

（4）要克服妄自菲薄等不正确思想。

（5）要积极配合国家安全机关的工作。

📖 思考与探究

1. 什么是国家安全？

2. 哪些行为是危害国家安全的？

3. 作为职业院校学生，应该怎样维护国家安全？

模块二 人身安全的预防与处置

学习目标

1. 了解人身安全的定义。
2. 认识职业院校学生遭受伤害的原因。
3. 掌握人身保护的措施。
4. 掌握人身伤害事故的预防与处理方法。

一、人身安全的概念

人身安全有广义和狭义两种解释。从广义范畴来看，人身安全包括人的生命、健康、行动自由、住宅、人格、名誉等安全。而从狭义范畴来看，人身安全则是指《中华人民共和国刑法》对人身安全的规定，是作为自然人的身体本身的安全。

二、职业院校学生遭受人身伤害的原因

（一）什么是学生人身安全

学生的人身安全是指学生个人的生命、健康、行动等与人的身体直接相关的平安和健康不受到威胁，不出事故。

人身伤害根据造成损害的原因，分为四种类型：一是自然灾害造成的人身伤害，如台风、地震、水灾等；二是意外事故造成的人身伤害，如溺水、烧（烫）伤、运动损伤、触电等；三是社会或人为因素造成的人身伤害，如打架斗殴、食物中毒、传染性疾病等；四是不法侵害造成的人身伤害，如抢劫、滋扰、性侵害等。

（二）学生遭受伤害的原因

（1）在校园周边，环境比较复杂，其中有的场所治安管理十分不到位，如 KTV、网吧、酒吧等，经常会有不法分子寻衅滋事。学生进出这种场所，容易受到意外伤害。

典型案例

某校学生小陈与朋友小钱及小韩在校外一家 KTV 消费时，因一点点小事与他人发生口角，碍于面子，小陈觉得不能受气，因此想与对方争个究竟。小钱、小韩意识到这是在校外，况且不是什么大事引起的争吵，就劝阻小陈不要意气用事，最后与对

方和解，三人返回学校。

职业院校学生应尽量减少到鱼龙混杂的社会场所活动，避免遭受意外。如果要出门最好带上几个朋友，在玩的过程中要时刻提高警惕，若感觉不安全最好及时返校，遇到意外情况时及时向公安机关或老师求助。

（2）在校园里，学生与校内人员或校外人员发生纠纷，未及时处理，导致自身或他人受到伤害；也有部分外来人员在校园内寻衅滋事，使学生受到伤害。

（3）学生之间也会产生矛盾而发生口角、谩骂，有些学生不能保持冷静，常常发展到打架斗殴，造成自身或他人受到伤害。

（4）一些学生在面对爱情失败时，不能理智对待，会采用极端的方式报复对方，以致走上违法犯罪的不归路。

（三）学生遭受伤害的两种特殊形式

1. 校园暴力

近年来，一些职业院校出现了极为严重的校园暴力，造成学生的人身伤害。学校中出现打架斗殴，绝大部分是同学之间一些小的矛盾纠纷没有得到及时化解而造成的。

校园暴力（欺凌）是指发生在校园内、学生上学或放学途中、学校的教育活动中，由老师、同学或校外人员，蓄意滥用语言、躯体力量、网络、器械等，针对师生的生理、心理、名誉、权利、财产等实施的达到某种程度的侵害行为。

📺 典型案例

宿舍里，学生小李未经小韩同意就用了他的洗衣液，两人为此吵了一架。虽然是一件小事，却在新生小韩心中埋下了仇恨的种子。因此，在之后的宿舍生活中，小韩觉得小李处处都在跟自己过不去，于是在很多时候都与小李为敌，跟他势不两立。一天，小韩和小李在宿舍，小韩遇到学习上的难题，怎么都解决不了，急得直哭，小李上前询问才知道原因，于是小李仔细地跟小韩讲解。很快小韩就掌握了，并且也为自己之前的行为道歉，两人又成了好朋友。

学生在血气方刚的青春期，由于一时冲动，有时会犯低级错误，步入歧途。刚刚开始人生旅途的职业院校学生，在面对问题时，一定要克服冲动，增强自律意识，保护自身安全及他人的安全。

2. 性骚扰

（1）什么是性骚扰？性骚扰更多地发生在女学生中，女学生正值花季，容易受到性骚扰和性侵害。性骚扰是一种不受欢迎或不被接受的语言或带有性意识的接触，也就是说当某一方用各种方法去接近或尝试接近另一方，而另一方没有兴趣，不喜欢、不愿意或不想要这些带有性意识的接近时，便可说是性骚扰。

广义的性骚扰并不限于异性间，对象亦不单指女性，同性间也会构成性骚扰。

（2）性骚扰常见的表现方式有以下几种。

① 肢体的接触。不需要的接触或抚摸他人的身体，有意触摸或强行勾住他人肩膀或者手臂，故意贴紧他人等，这些行为都可以被定义为性骚扰。

② 语言上的骚扰。没有需要的谈论有关性的话题，询问个人有关性方面的隐私和生活，故意讲色情笑话等。

③ 非语言的行为。身体或语言动作具有一定的性暗示，用异样的眼光打量他人，展现与性有关的物件等。

由此可见，性骚扰并不单单指身体上的接触，一些不合适的带有性的语言、动作甚至声音等都属于性骚扰。

典型案例

一次偶然的机会小陈认识了校外的"王俊"。"王俊"自称是某公司大老板，可以给予小陈学业、工作的帮扶。一来二往两人就熟悉了。某天，"王俊"约小陈吃饭，有不雅动作，引起了小陈的注意，小陈仓皇逃回学校。回学校后，小陈向老师告知了这个事情，老师跟他讲了陌生人的危害，小陈才醒悟。

那么面对性骚扰，该如何自救？

首先，要对实施性骚扰的人说"不"，要及时报警或向周边的人寻求帮助。这会对侵犯者造成压力，避免事态变得更加严重，最大限度地保护自己。

其次，尽可能保留受骚扰的证据。有条件的同学可以将手机拍照等功能设为快捷键，方便快速、不被人察觉地保留证据，使其受到应有的惩罚。

最后，不要自卑，不要认为"是我做得不够好，别人才来侵犯我"，受惩罚的应该是骚扰者，而非被骚扰者。

在面对骚扰时，要确定自己是否受到骚扰，保持冷静。要相信自己的直观感觉，千万不要抱着无所谓或置之不理的态度，忍耐和躲避是解决不了任何问题的。无论男女遇到性骚扰一定要郑重表明自己的立场，很坚定地告诉对方你的不快并请对方自重。

三、人身保护的措施

（一）公共场合的人身保护

（1）去公共场合的时候尽量不要带太多的东西，以免引起侵犯者的注意，携带贵重物品出门时最好打车，以降低遭到侵害的可能性。

（2）走路或等车时尽量与陌生人保持足够的距离，提高警惕；不要在偏僻的地方行走，人迹稀少的地方一定要注意避开成堆结伙的可疑人员；不要因为身边的一些异常现象而分散自己的注意力，走路时和朋友一起聊天也不要过于投入，以免被不法分子钻空子而导致人身伤害事故发生。

（3）尽量避免在夜晚外出，夜间外出时要及时与家人联系并且尽早回家。

（4）乘坐公交车时，不和别人硬挤着上车。

（二）外出旅行的人身保护

（1）手机不要摆放在明显的位置，尽量做到不要边走路边打电话。

（2）去不熟悉的地方尽量依靠自己的能力或去问警察，切忌让陌生人带路。

（3）不要和陌生人说话，有陌生人不正常地主动凑近和自己搭话时应立即避开。如果感觉空气异常，那么应马上屏住呼吸，逃离现场。

（4）不要去爬未经开发的野山，爬山尽量结伴而行，并且要走指定的路线，不要另辟蹊径。

（5）出门在外的时候不应带太多现金，但也不能都依靠银行卡。不要把所有银行卡都带在身上，外出旅行带一张银行卡，里面的金额能够保证旅行的进程就够了；如遇紧急情况时，应在有把握的前提下抛弃或毁掉银行卡，但要注意千万不能被侵害人发觉，否则极有可能会导致更大的侵害。

（三）个人的人身保护

（1）会见网友时要小心，不要随对方去可能有异常的地方，也不可轻易喝对方提供的饮料。

（2）在金钱方面，尽量避免现金操作，学会使用网上银行或电话银行；如果要进行现金操作，那么从银行取出现金后应先观察周围有无异常现象，确认安全后及时离开。

（3）独自在家或外出一个人住宾馆时，如遇陌生人敲门，无论任何理由，都要核实对方身份后再开门。夜晚睡觉时不要忘记反锁房门。

四、对人身伤害事故的预防与处理

（一）避免人身受到伤害

（1）要遵守学校的规章制度，尊重学校保安人员。规章制度是大家都要遵守的准则，如果大家都遵守，那么生活中就有许多共同点，可以减少许多纠纷产生的可能。

（2）要支持各级政府和学校整顿校园周边秩序的各项措施，尽量少去或者不去治安复杂的场所，避免与不法分子发生矛盾。

（3）要自爱、自律，避免不良风气侵蚀，预防黄、赌、毒的侵害和烟酒造成的人身危害。

（4）同学间要互相关心、互相照顾、相互谅解、求同存异。

（5）要学会用文明幽默的语言化解矛盾。

（二）预防校园暴力

（1）做个好学生，将主要精力放在校园正常活动和学习上。在和同学日常交往中，不讲脏话，礼貌待人，安分守己，乐于助人，不沾染坏习气，不去网吧，也不上街乱逛。

（2）得知自己可能会遭到暴力行为时应及时告诉老师、家长，防患于未然，将可能出现的暴力事件消灭在萌芽之中。

（3）在遭遇同学暴力侵犯的时候，有时要采取必要的忍耐，避免矛盾激化。同时要严正指出其错误性，给予警告，保护好自身的安全。过后再考虑合适的解决方法，向学校投诉是一种正确的做法。采取报复性手段，只能激化矛盾，"冤冤相报何时了"，最终的结果只能是两败俱伤。

（4）明白"伤害他人就是伤害自己""赠人玫瑰，手留余香"的道理，做到公正、平等、富有同情心地对待他人。平时要自尊自爱、关爱同学、正确做人，努力为自己营造和谐的人际关系氛围，这样才能尽可能地避免被暴力侵犯。

（5）和别人发生矛盾后，别人邀请你到一个偏僻地方谈判解决问题时，不要冲动前往，不要离开可能为你提供帮助的人及场所。

（三）沉着应对危机

（1）克服恐惧心理，要保持头脑清醒，冷静分析形势，积极思考应对办法，麻痹对方，寻找机会逃走，摆脱纠缠。想办法脱离危机，跑到安全地点最重要。

（2）"以牙还牙、以暴制暴"的观念是错误的。在遭遇暴力侵犯时，应暂时采取必要的忍耐，避免矛盾激化。如果激烈反抗，很有可能会遭到更严重的殴打。

（3）跑不掉、打不过，那就大声呼救，引起其他人注意，请求围观的人报警。

（4）记住施暴人的外貌特征，尽量多地记住一些细节。事后立刻报告老师或公安机关。

（5）决不要因受到威胁而不将实情告诉老师、家长或公安机关。事实证明私下解决或找人寻仇报复解决不了根本矛盾。

（6）在自身安全受到严重威胁而无其他更好办法时，就行使法律赋予的正当防卫权利。

（四）人身伤害事故保险

1. 学生平安保险

学生平安保险是专为在校学生设计的带有公益性质的险种，具有保费低、保障高的特点，可以使学生在发生意外事故后得到更充足、更全面的赔偿，是学生健康成长的重要保障。推行学生平安保险，可以有效防范和转移风险，对保护学生合法权益、维护社会稳定发挥着重要作用。

被保险人在保险单有效期间，不论单次或多次发生意外伤害事故，保险公司均按规定给付保险金，但累计给付总数不能超过保险金额全数。累计给付总数达到保险金额全数时，保险责任即行终止。

基础保障责任包括意外伤害身故、残疾，疾病身故，意外伤害门（急）诊医疗，意外和疾病住院医疗，校园意外伤害医疗，校园意外伤害残疾，校园意外伤害身故。

2. 学生人身伤害与校方责任保险

学生自我安全保护能力有限，安全隐患难以根除，尤其是复杂的社会治安状况给教育教学的安全增添了潜在的威胁。威胁学校和学生安全的事件时有发生，影响了正常的教育教学秩序和社会的稳定。开展校方责任保险，对于积极预防、妥善处理学生事故，保障学生和学校的合法权益，维护正常的教育教学秩序，具有重要意义。

校方责任保险是指在校学生在校园内或者在学校组织的活动中发生意外事故时，以学校对学生依法应负的赔偿责任为保险标的的保险。学校对学生依法应负的赔偿责任，通常指在学校活动中或由学校统一组织或安排的活动过程中，因校方疏忽或过失导致注册学员的人身伤亡，依法应由学校承担的全部或部分直接经济损失赔偿责任。

当然，只有真正加强校园的安全管理工作，才是所有教育工作者和社会各界人士关注和落实的着眼点。只有这样，才能为学生提供良好的学习环境，保证他们健康成长。

小贴士

人身安全保护的一般知识。
（1）要有防范意识，保持良好的防护习惯。
（2）留心观察身边的人和事，及时规避可能针对自己的侵害。
（3）发生案件、发现危险时要快速、准确、实事求是地报警求助。
（4）用法律维护自己的人身财产安全。特别是面对暴力犯罪，要坚决制止不法侵害。对正在进行行凶、杀人、抢劫、强奸、绑架及其他严重侵犯人身安全的暴力犯罪，采取防卫行为，造成不法侵害人伤亡的，属于正当防卫，不负刑事责任。
（5）主动积极维护校园及周边治安秩序，创造和谐有序的环境。

思考与探究

1. 与同学相处时，发生矛盾后应该怎样去化解？
2. 面对校园暴力，应该怎么应对？
3. 面对性骚扰，应该怎样做？

 **模块三　交通事故的预防与处置**

学习目标

1. 了解交通安全的定义。

2. 理解交通安全的重要性。
3. 熟悉校园交通安全的相关概念。
4. 掌握预防交通事故的措施。

衣、食、住、行是人们生活中最基本的内容，其中的"行"涉及交通问题。随着城镇化的迅速推进，我国汽车保有量的增加，人们在享受交通带来出行便利的同时，也不得不面对与日俱增的交通事故问题。交通事故已成为人们生活中最大的社会问题，作为一名在校学生，遵守交通法规是最起码的要求。

人们常说，"交通事故猛于虎"。可是老虎再凶，也只能一口吃掉一个人，而交通事故一次可吞噬几个甚至几十个人的生命。请看下面一组数据。

据统计，世界交通事故死亡人数年均达 50 万人。我国交通事故死亡人数世界排名第一，每年交通事故死亡人数都在 10 万人以上，平均每天死亡达 300 人。

是什么原因导致道路交通事故频频发生？据交通警察调查统计，在所有的交通事故中，除了极少数属于意外原因造成，75%以上的事故是驾驶员或行人的人为因素造成的。引发事故的主要原因有无证驾车、超载、超速行驶、疲劳驾车、酒后驾车、强行超车、行人不守交通规则等。

综观各类交通事故，不难发现，我国交通事故频发的根本原因，就是人们不珍惜生命，不遵守交通法规。生命对于每个人来说，都只有一次，应该爱护和珍惜。出入平安，这是大家都希望的。然而，很多人为了图"方便"或为了眼前的利益而违反交通法规。殊不知，许多交通事故的发生往往源于某些不经意的违法行为。在他们当中，有一部分人是对交通法规不甚了解，对安全常识掌握不多；而另一部分人则是抱着侥幸心理，明知故犯。所以学习和遵守交通法规是每一个人珍惜自己和他人生命，使交通秩序安全有序必须履行的义务。有人曾强调，道路交通法规是用"亲人的泪水、死者的血泊、伤病员的呻吟和肇事者的悔恨"换来的。

一、交通安全的概念

交通是总称，包括天上飞行的航空运输、水上的船舶运输、铁路上的铁路运输、公路上的道路运输等。交通安全，是指人或物从某一地点移动到另一地点的全过程中，不被碰撞、翻倒及受到其他损害，安全、完整地到达目的地的状态。学生交通安全是指学生在校园内和校园外的道路上行走，驾驶、乘坐交通工具时不发生人员伤亡和交通工具、财产损失的状态。

二、校园交通安全

随着职业院校改革的不断深入，学校与社会的交往越来越频繁，使校园内人流量、车流量急剧增加，给学校的交通带来了很大的压力，校内道路交通事故呈逐年上升的趋势。预防交通事故，保证校园交通安全，是广大师生的共同愿望。

（一）校园易发生交通事故的主要原因

（1）学生交通安全意识淡薄，不遵守交通规则。

（2）车辆急剧增加，道路负荷增大。许多学校公务车、教职工拥有的私家车、在校经营个体的车辆等越来越多，开车接送学生甚至学生自己开车上学也已不再是新闻。

（3）学生为方便外出拥有电动车、自行车。

（4）一般校园道路都比较狭窄，校园内交通标志设置较少或根本没有设置，也没有专职交通管理人员。

（5）校园内人员居住集中，上下课时容易形成人流高峰，致使学校的交通环境日益复杂，交通事故常有发生。

（6）有的校园教学区和生活区、家属区相互交杂，教职工亲属子女、其他外来人员在校园内驾车、骑车兜风或超速行驶的现象也时有发生。

（二）学生常见的交通安全事故

近年来，随着各种车辆的剧增，学生发生的交通事故主要有以下几种情况。

（1）被机动车撞伤、撞死。

🖳 典型案例

某校学生下课回宿舍，5 人结伴而行，一路嬉笑打闹，横过马路时未查看道路车辆行驶情况，多亏是一辆运送垃圾的汽车，行驶速度不是很快，制动及时，才使得学生幸免于难。

学生发生交通事故，多数是与摩托车或汽车相撞造成的。被撞伤、撞死的学生，有的是本身违反交通规则，要承担一定的责任；有的是机动车驾驶员违章驾驶造成的。无论是在校内还是在校外，学生在步行或骑自行车穿过马路时，一定要驻足观察马路两边的车辆过往情况，走人行专用通道，严格按照指示灯或现场交警的指挥通行。

（2）乘坐汽车发生事故致伤、致死。

🖳 典型案例

某学校 4 名学生乘坐一辆无牌照的私人面包车外出，由于驾驶员行驶速度过快，途中险些发生车祸，学生们提高了警惕，提前下车并换乘出租车回学校了。拒绝"黑车"，从"我"做起，大家共同努力，共同抵制非法"黑车"营运。

目前大多数职业院校都有新校区，而新校区普遍在距离市区较远的地方，在校学生外出交通不便。"黑车"不仅能满足学生出行需要，而且价格一般相对低廉，因而成为不少学生的首选。所谓"黑车"，就是指没有营运资格而非法从事道路运营的车辆。因为它严重扰乱了汽车市场经营秩序，并且潜伏一系列安全隐患，如车况差、驾驶员素质差、承受风险能力弱、驾驶员驾驶技术差等，所以是管理部门严厉打击的对象。"黑车"引发的交通安全事故率极高，但不少学生认为其快捷便利，危害只是偶然发生的小概率事件，可以忽略不计。学生的侥幸心理，致使"黑车"泛滥。不出事故便罢，事故一出，"黑车"之"黑"顿显，赔偿成了一个大难题，与正规营运车辆的赔付能力形成了天壤之别。为了自身安全，一定要增强安全意识，拒绝"黑车"。

（3）违章驾驶机动车发生交通事故致死、致伤。学生学习驾驶技能本是一件好事，但一些学生驾车时间短、经验少，遇到紧急情况缺乏处理经验，手忙脚乱，极易发生事故。学生违章驾驶机动车发生交通事故致死、致伤是近年来出现的新情况。有的学生醉酒后驾车，造成驾驶人和乘车人死伤；还有的学生无证驾驶或超速驾驶，导致交通事故，造成人员死伤。学生学习驾驶车辆，一定要选择正规驾驶学校，同时要认真学习交通法规，熟练掌握驾驶技术，学会应急处理措施。更重要的是，任何时候都不要违章驾驶。

三、学生交通安全事故处理预案

（一）目的

为认真做好学校交通安全事故防范处置工作，增强应急处理能力，最大限度地减少师生人员伤亡和经济损失，维护学校正常的教学工作和生活秩序，依据《中华人民共和国道路交通安全法》、《国务院关于特大安全事故行政责任追究的规定》和上级部门有关规定，制定学生交通安全事故处理预案。

（1）成立学校交通安全事故应急处理工作领导小组。

（2）领导小组对全校交通安全事故应急处理统一领导、统一组织、统一指挥，领导小组组长是应急预案的总指挥，根据事故等级启动应急预案和发布解除救援行动的信息。

（3）领导小组具体负责以下工作：根据实际情况和工作预案制定应急处理工作方案；调集校内外人力、物力，组织实施突发事故的应急救援；讨论决定应急处理工作中的重大问题，向上级汇报事件 0000000000000000000000000000000 情况及应急措施，必要时向有关单位发出救援请求；调查核实事故原因及性质，及时做好善后工作；总结经验与教训，并对相关人员进行奖惩。

（二）应急处理过程和应急处理程序

1. 接警与通知

事故发生后，在场人员（包括行政、教职工、学生）应争取在第一时间通过各种形式报警，重大交通事故和人员伤害可直拨"110"报警电话、"120"急救电话、"122"交通事故处置电话（并记住肇事车的车型、颜色、车牌号）。

在场人员应立即将所发生的事故情况报告学校相关部门。学校办公室、党委宣传部、学生处、保卫处等部门必须掌握的情况包括事故发生的时间、地点、种类、强度与危害。在掌握基本事故情况后，立即向学校交通安全事故应急处理领导小组组长汇报，领导小组应立即启动应急预案，迅速赶赴现场组织抢救。同时，协同公安机关、医疗、消防等部门参与现场救护。

2. 现场应急抢救与现场保护

现场应急抢救措施原则：先人后物，先重后轻，就近求救。

在场人员（包括行政、教职工、学生）应首先检查师生受伤情况，先抢救人员，后抢救财物。若有师生受伤，则根据先重后轻的原则立即对受伤师生进行应急救护处置。同时向公安机关、交通管理部门报案并配合公安部门开展工作，还应根据需要及时通知急救、医疗、消防等部门参与现场救护。就近向附近单位、居民紧急求救，拦截过往车辆求救。

医护人员到达现场后，在场人员应马上将受伤师生转给医护人员进行救护处置，尽快确认伤病员中哪些需要送医院救治。若需送医院救治，则应确定送到哪一所医院。

若学生受伤，则学校要及时告知家长事故情况和学生被送往医院的地址，请家长快速到医院。若教师受伤，则学校要通知教师家属发生什么事故和被送往医院的地址，请家属到医院参与救护。

抢救小组应组织在场人员、事发现场人员简单调查事故发生的过程，采用分隔式调查，并实事求是地做好书面记录，被调查人员要签名。严格保护事故现场，因抢救伤病员、防止事故扩大等原因需要移动现场重要痕迹、物证等，待公安交警部门赶到后及时移交现场保护，防止人为破坏和其他突发事件的再发生。

稳定师生情绪，保障救援工作顺利进行，安全有序地进行疏散撤离。

3. 事故处理的报告与报道

（1）对事故处理要在 24 小时内写出书面报告，报告内容包括发生事故的时间、地点；事故的简要经过、伤亡人数；事故原因、性质的初步判断；事故抢救处理的情况和采取的措施；需要有关部门和单位协助事故抢救和处理的有关事宜；事故报告的负责人和报告人。报告内容经学校领导审查同意后送交有关部门。属校方责任保险内的事故还要及时报知保险公司。之后随时将事故应急处理情况报上级主管部门。

（2）人事处、学生处和相关部门要分别做好教师和学生的思想教育工作，稳定师生情绪，要求各类人员绝对不能以个人名义向外扩散消息，以免引起不必要的混乱；对于情绪反应较大者，应安排专人进行安慰；若有新闻媒体要求采访，则必须经过学

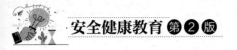

校领导和上级主管部门同意，由学校宣传部统一对外发布消息。

4. 家长接待和后勤支援

（1）事故发生后，要立即安排人员看管，防止肇事车辆逃逸。

（2）成立专门接待组，及时做好学生及家长的安抚工作，维持学校正常的教育教学秩序。根据实际需要，在有关部门领导下做好善后处置工作。

（3）看望、援助、救助伤亡师生。

（4）要依法调解安抚，按照"合法、合理、合情"的原则一次性解决问题。学校在无力调解学生意外伤害事故处理时，要报请上级部门介入解决。

（5）在事故处理结尾阶段，需要整理病历卡复印件、医药费发票原件和复印件报医保中心理赔。医保中心理赔后余下部分确需赔偿的，由学校起草《协议书》。《协议书》要写清协议双方的身份、事故的简要经过，包括事发时间、地点、双方达成的补偿协议、双方签名等内容。

（6）学校门卫要严格核查外来人员身份，不准非当事人进入校园，保证校园稳定。根据教育部《学生伤害事故的处理办法》有关条款规定，在事故处理过程中，受伤害学生的监护人、亲属或其他有关人员，在事故处理过程中无理取闹，扰乱学校正常教育教学秩序，或者侵犯学校、教师或其他工作人员的权益的，应当报告公安机关依法处理。

四、预防交通事故

预防交通事故，学生要掌握并自觉熟知《中华人民共和国道路交通安全法》和学校交通安全管理规定，养成良好的交通行为规范和习惯，知晓交通事故处理的相关规定，有效、合法地维护自身权益。

预防是防止和减少交通事故最有效的手段。一是思想上的警惕，二是措施、设备、技术、人员配备上的预防。预防为主就是要防患于未然，将一切不利于行车安全的因素消灭在萌芽状态。在任何情况下行车，都要保持清醒的头脑，对可能出现的影响行车安全的情况，都要认真分析，正确判断，随时采取相应措施，做到有备无患。

（一）牢固树立"安全第一、预防为主"的思想

不管在校内还是在校外，在步行还是在驾驶，都要时刻小心谨慎。一方面要防止别人给自己造成伤害，另一方面也不要给别人造成伤害。学生应该自觉遵守交通法规，不要在校园道路上嬉戏打闹，不要在走路或骑车时戴耳机。

（二）养成规范的交通安全行为习惯

1. 骑车交通安全

据有关单位不完全统计，学校发生的与骑车有关的交通事故占在校发生交通事故总数的60%～70%，对此必须给予高度重视。

《中华人民共和国道路交通安全法实施条例》第六十八条规定，非机动车通过有交

通信号灯控制的交叉路口，应当按照下列规定通行：

（1）转弯的非机动车让直行的车辆、行人优先通行；

（2）遇有前方路口交通阻塞时，不得进入路口；

（3）向左转弯时，靠路口中心点的右侧转弯；

（4）遇有停止信号时，应当依次停在路口停止线以外。没有停止线的，停在路口以外；

（5）向右转弯遇有同方向前车正在等候放行信号时，在本车道内能够转弯的，可以通行；不能转弯的，依次等候。

上述这些规定，是骑车人必须遵守的交通规定，也是骑车的安全保障，不遵守这些规定就有可能付出血的代价。

小贴士

骑车十要

一要熟悉和遵守道路交通管理法规；

二要挂好车辆牌照，随身携带证件；

三要了解车辆性能，做到车辆的车闸、车铃等齐全有效；

四要在规定的非机动车道内骑车；

五要依次行驶，按规定让行；

六要集中精神，谨慎骑车；

七要在转弯前减速慢行，向后观望，伸手示意；

八要按规定停放车辆；

九要听从民警指挥，服从管理；

十要掌握不同天气的骑车特点，做到"顺风不骑快车，逆风不低头猛踏，雾天控制车速，冰雪天把稳龙头，夏天不斜穿逆行，雨天防止行人乱穿"。

骑车十不要

一不要闯红灯或推行、绕行闯越红灯；

二不要在禁行道路、路段或机动车道内骑车；

三不要在人行道上骑车；

四不要在市区或城镇道路上骑车带人；

五不要双手离把或攀扶其他车辆或手中持物；

六不要牵引车辆或被其他车辆牵引；

七不要扶身并行、互相追逐或曲折竞驶；

八不要争道抢行，急猛转弯；

九不要酒后骑车；

十不要擅自在非机动车上安装电动机、发动机。

2. 行人交通安全

（1）行人应当在道路交通中自觉遵守道路交通管理法规，增强自我保护和现代交通意识，掌握行人交通安全特点，防止交通事故。

（2）行人要走人行道，没有人行道的靠路边行走。

（3）横过车行道时须走人行道：有交通信号灯控制的人行道，应做到红灯停、绿灯行；没有交通信号灯控制的人行道须注意车辆，不要追逐猛跑；有人行过街天桥或地下通道的须走人行过街天桥或地下通道。

（4）横过没有人行道的车行道时须看清情况，让车辆先行，不要在车临近时突然横穿。

（5）横过没有人行道的道路时须直行通过，不要图方便、走捷径或在车前车后乱穿行。

（6）不要在道路上强行拦车、追车、扒车或抛物击车。

（7）不要在道路上玩耍、坐卧或进行其他妨碍交通的行为。

（8）不要钻越、跨越人行护栏或道路隔离设施。

（9）不要进入高速公路、高架道路或者有人行隔离设施的机动车专用道。

（10）学龄前儿童应当由成年人带领在道路上行走。

（11）高龄老人上街最好有人搀扶陪同。

3. 乘车人交通安全

《中华人民共和国道路交通安全法实施条例》第七十七条规定，乘坐机动车应当遵守下列规定：

（1）不得在机动车道上拦乘机动车；

（2）在机动车道上不得从机动车左侧上下车；

（3）开关车门不得妨碍其他车辆和行人通行；

（4）机动车行驶中，不得干扰驾驶，不得将身体任何部分伸出车外，不得跳车；

（5）乘坐两轮摩托车应当正向骑坐。

小贴士

有下列情况不应乘车，以免发生危险。

第一，发现车辆破损、声音异常时；发现驾驶员精神状态不佳、酒后驾车时；发现车辆不正常运行、客货混载、违章超载时；发现客车违反其他操作规程时。

第二，恶劣天气，如大风、大雨、大雾、大雪不坐汽车长途跋涉。

第三，病中无人陪伴不要乘车。

在校园内，已多次发生交通死伤事故。机动车驾驶员在校园内要缓速行车，骑车人、行人要主动避让机动车。骑车人相对行人是强者，要严格遵守校园内交通规定，不强行，不超速行驶，不双手离把，不追逐曲行，不猛拐弯，以有效避免交通事故的发生。

4. 乘船交通安全

（1）不夹带危险物品上船。

（2）不要乘坐缺乏救护设施、无证经营的小船，也不要冒险乘坐超载的船只或者"三无"船只（没有船名、没有船籍港、没有船舶证书）。

（3）上下船时，必须等船靠稳，待工作人员安置好上下船的跳板后方可行动；上下船时不要拥挤，不随意攀爬船杆，不跨越船挡，以免发生意外落水事故。

（4）上船后，要仔细阅读紧急疏散示意图，了解存放救生衣的位置，熟悉穿戴程序和方法，留意观察和识别安全出口处，以便在出现意外时掌握自救主动权。同时按照船票所规定的舱位或地点休息和存放行李。行李不要乱放，尤其不能放在阻塞通道和靠近水源的地方。

（5）客船航行时不要在船上嬉闹，不要紧靠船边摄影，也不要站在甲板边缘向下看波浪，以防眩晕或失足落水；观景时切莫"一窝蜂"地拥向船的一侧，以防船体倾斜，发生意外。

5. 乘坐飞机交通安全

（1）预订航空公司的飞机座位后，要在起飞前 1～2 日内办理确认手续，提前 1～2 小时办理登机手续。

（2）行李中不能夹带枪支、弹药、凶器和易燃易爆物品，也不能夹带国家禁止出境的文物、动物、植物和艺术品等。

（3）对号入座，将随身携带的行李放入头部上方的行李架中。

（4）在飞机起飞、降落和飞行颠簸时要系好安全带。初次飞行者或身体不适者会感到耳胀、心跳加快、头痛，此时可张合口腔，或是咀嚼口香糖之类的食物，使耳内压力减轻。

（5）飞机起飞后，乘务员会通过录像或亲自示范讲解安全带、救生衣、紧急出口等设备设施的使用方法，要注意听讲并理解。

（6）随时听从乘务员或其他机组人员的命令或帮助。

6. 乘坐火车安全

（1）按照车次的规定时间进站候车，以免误车。

（2）在站台上候车，要站在站台一侧白色安全线内，以免被列车卷下站台，发生危险。

（3）列车行进中，不要把头、手、胳膊伸出车窗外，以免被沿线的信号设备等剐伤。

（4）不要在车门和车厢连接处逗留，这些地方容易发生夹伤、挤伤、卡伤等事故。

（5）不带易燃易爆的危险品（如汽油、鞭炮等）上车。

（6）不要向车窗外扔弃废物，以免砸伤铁路边的行人和铁路工人，同时也避免造成环境污染。

（7）乘坐卧铺列车，睡上、中铺要系好安全带，防止掉下摔伤。

（8）保管好自己的行李物品，注意防范盗窃分子。

五、意外交通事故紧急处理办法

交通事故是指车辆在道路上因过错或者意外造成人身伤亡、财产损失的事件。交通事故不仅可由驾乘人员违反交通管理法规造成，也可由地震、台风、山洪、雷击等不可抗拒的自然灾害造成。当发生一些不可抗力的交通事故时，就需要做到以下意外交通事故紧急处理办法。

（一）马上停车

在汽车运行安全的情况下马上停车，关掉引擎（以免汽车起火）并打开危险报警闪光灯（又称双闪灯）让其闪烁；立即记下对方的车牌号，以防对方在发生交通事故后开车逃跑。

（二）发出警示

保护好现场；向其他车辆发出警告，亮起危险报警闪光灯；在路上摆放三角警示牌；如有需要，再用其他方式示警。

（三）估计情况

迅速估计现场情况：事故涉及人数、受伤人员数量及状况、涉事车辆、漏出的燃油是否会着火、现场是否有人接受过急救训练。

（四）护理伤病员

切勿移动伤病员，除非伤病员面临危险（如着火、有毒物体渗漏），因为你的移动可能会对伤病员造成更大的伤害。若伤病员仍在呼吸，且流血不多，则旁人不可做任何事情，除非确实懂得怎样护理伤病员；不可给伤病员喂任何食物或饮料。

（五）防止危险

关掉所有交通肇事车辆的发动机；禁止吸烟；当心其他易燃物品；尽可能防止燃油泄漏；当心危险物品，慎防危险性液体、尘埃及气体积聚。

（六）马上求救

需要求救时，派人去求救或使用身边的移动电话，在高速公路上可使用路边的求救电话。求救时详细说明发生意外的地点及人员伤亡情况。

（七）报案

轻微交通事故可进行快速处理或自行前往交通事故报案中心报案。如遇有伤亡或较大损失，应立即报警，详细说明事故发生地点及伤亡人数。在警察查完现场后一定要求警察给你事故报告，以及该警员的姓名、编号、所属分局和电话号码。

思考与探究

1. 构成交通安全的要素有哪些？
2. 如何维护校园交通安全？
3. 思考自己的不良出行习惯及防范措施。
4. 在遇到交通事故时应如何处理？

⦁⦁⦁ 模块四　火灾安全

学习目标

1. 了解火灾的定义及特点。
2. 认识校园火灾的类型、原因及预防方法。
3. 掌握火灾处理的方法。
4. 掌握火灾急救常识。

火灾是世界上多发性灾害中发生频率较高的一种灾害，它给人类社会造成了生命、财产的严重损失。在校园里，火灾也是威胁校园安全的重要因素。资料显示，校园里因火灾而造成的经济损失较之盗窃高出十几倍乃至几十倍。

职业院校消防工作的任务是"预防火灾和减少危害，维护师生安全，维护公共财产和私有财产安全，维护公共安全，保障学校教学科研工作的顺利进行"。做好消防工作是学校建设的需要，也是全体师生的共同责任，任何部门和个人都有维护消防安全、预防火灾和有组织地参加扑救火灾的义务。

一、火灾的定义及特点

（一）什么是火灾

火灾是指在时间或空间上失去控制的燃烧所造成的灾害。在各种灾害中，火灾是最经常、最普遍的威胁公众安全和社会发展的主要灾害之一。人类能够使用和控制火，是文明进步的一个重要标志。人类使用火的历史与同火灾做斗争的历史是相伴相生的，人们在用火的同时，不断总结火灾发生的规律，尽可能地减少火灾及其对人类造成的危害。在火灾时需要安全、尽快地逃离现场。

（二）火灾的分类

火灾分为 A、B、C、D、E、F 六类（GB/T 4968—1985）。

A类火灾。指固体物质火灾，这种物质往往具有有机物性质，一般在燃烧时能产生灼热的余烬，如木材、棉、毛、麻、纸张火灾等。

B类火灾。指液体火灾和可熔化的固体火灾，如汽油、煤油、原油、甲醇、乙醇、沥青、石蜡火灾等。

C类火灾。指气体火灾，如煤气、天然气、甲烷、乙烷、丙烷、氢气火灾等。

D类火灾。指金属火灾，如钾、钠、镁、钛、锆、锂、铝镁合金火灾等。

E类火灾。指带电火灾。

F类火灾。指烹饪电器具内的烹饪物（如动植物油脂）火灾。

（三）火灾的特点

一般来说，火灾具有以下三个特点。

1. 突发性

有一类火灾，往往是在人们意想不到的时候突然发生的，如自燃、电线短路起火、雷击起火等，这些突发性火灾是人们难以预料的。另一类火灾，虽然存在事故征兆，但由于目前对火灾事故的预测、报警手段等还不够成熟，加之人们消防意识淡薄，对火灾事故的规律和征兆了解、掌握不够，直至火灾发生才引起重视。

2. 严重性

火灾事故与其他事故相比，其后果往往更为严重，极易造成重大伤亡和财产损失。

3. 复杂性

火灾事故的复杂性包括起火原因的复杂性和火灾事故处理的复杂性两方面。

二、校园火灾

（一）校园火灾的类型

1. 生活火灾

生活火灾，一般是指学生炊事用火、取暖用火、照明用火、烧水用火，以及吸烟、燃放烟花爆竹等生活娱乐用火造成的火灾。

典型案例

晚自习前，职校学生小郑偷偷躲在宿舍吸烟。临走前，用脚"踩灭"烟头，并顺手将烟头扔进纸篓。其实，烟头并未熄灭，逐渐引燃废纸，造成宿舍失火。幸亏宿舍管理员发现后及时扑灭大火，未殃及隔壁房间。房间所有物品，包括两台计算机均被烧毁，造成损失数万元。小郑因此受到公安消防部门处罚及学校处分。

分析导致这起火灾的原因，一是学生消防意识淡薄，违反学校规定偷偷在宿舍吸烟；二是缺乏警觉，临走前未将烟头真正熄灭。违规和疏忽酿成火灾，铸成大错。

2. 电器火灾

现在的学生群体拥有大量的电器设备，如计算机、台灯、充电器、电吹风，还有电热毯、电热炉、"热得快"等电热器具。由于学生宿舍的电源插座较少，学生违章乱拉乱接电源现象严重，可能引起电器火灾的隐患较多。个别同学购买的电器设备是不合格产品，也是致灾因素。尤其是电热器的使用不当，引发火灾的危险性最大。有资料显示，某校2017年发生的42起火灾事故中，有38起是因电器使用不当所致。因此，电器的安全使用显得尤为重要。

典型案例

某校一男生在宿舍内使用电热水瓶，插上电源插头后便因事离开了宿舍。时隔不久，宿舍同学发现宿舍内有烧焦的味道，忙去查看，结果发现照明线路已烧焦，好在没有引起重大事故。学生应服从学校管理，做到人走电断，不使用电热水瓶等大功率电器。

这起违规用电引发的火灾，其根本原因在于该学生违规使用电热水瓶烧开水导致照明线路严重超负荷，险些烧焦引起大祸。

3. 自然火灾

自然火灾是指自然现象引发的火灾，一般不常见，大致可分为两类：一类是雷击引起的火灾；另一类是物质自燃引起的火灾。

4. 人为纵火

人为纵火，一种是为毁灭证据、逃避罪责或破坏经济建设等故意纵火；另一种是烧毁他人财产或危害他人生命的报复纵火。这两类纵火都是国家严厉打击的犯罪行为。另外，还有无法控制自己行为的精神病患者纵火，防范的办法是加强对精神病患者的监控。

（二）校园引发火灾的主要形式

学生宿舍中的火灾常由用火不慎或使用电器方法不当引起，主要形式有以下几方面。

（1）不注意用电安全，在教室、宿舍乱拉私接电线，使用电炉、"热得快"等大功率电器造成电线超负荷引发火灾。

（2）在宿舍擅自使用煤炉、液化炉、酒精炉等明火引发火灾。

（3）在教室、宿舍及公共场所吸烟、乱丢烟头引发火灾。

（4）在宿舍存放易燃易爆物品或在楼道堆放杂物引发火灾。

（5）夜间在宿舍点燃蜡烛看书引发火灾。

（6）使用火炉取暖或烘烤衣物，火炉的安置与易燃物距离太近，引发火灾。

（7）使用的电器不符合安全要求，乱拆卸，造成安全性能下降，引发火灾。

（8）电器使用完毕或人离开时，未及时关闭电源，引发火灾。

（三）校园火灾的预防

职业院校的火灾，主要是人为因素造成的。为保证学校的防火工作万无一失，必须针对主要致灾原因，采取切实有效的防范措施，消除隐患，防止和减少火灾事故的发生。

1. 学生宿舍防火

职业院校宿舍（公寓）是防火重点之一，全面做好学生宿舍防火工作具有重要意义。学校领导和各级部门必须高度重视学生宿舍火灾的防范，投入资金保证防火设施完好，强化学生消防安全意识。

小贴士

宿舍防火十戒

一戒私自乱拉电源线路，避免电线缠绕在金属床架上或穿行于可燃物之间，避免接线板被可燃物覆盖。

二戒违规使用电热器具。

三戒使用大功率电器。

四戒使用电器无人看管。

五戒明火照明，灯泡照明不得用可燃物作灯罩，床头灯宜用冷光源灯管。

六戒床上吸烟、室内乱扔烟头、乱丢火种。

七戒室内燃烧杂物、燃放烟花爆竹。

八戒室内存放易燃易爆物品（如煤气罐）。

九戒室内做饭。

十戒使用假冒伪劣电器。

2. 教室防火

教室要保证门窗通畅，以方便师生遇到紧急情况迅速疏散；不能将大功率电器靠近易燃物或违反操作规程使用电子教具；对电源线路、插座的负荷要定期检查，防止因老化发生短路；教学过程中使用的易燃物品应及时清理；严禁在教室内吸烟、乱扔烟头。

3. 图书馆防火

相关部门要经常对图书馆的电源线路、插座、电器设备进行安全检查，发现安全隐患及时整改；学生进入图书馆后不能使用火柴、打火机随意点火，更不能在停电的情况下持点燃的蜡烛入库查找书籍；不允许在图书馆堆放其他可燃物品，要始终保持疏散通道畅通。

4. 开展安全检查，加大处罚力度

安全检查是消防安全管理工作中的一项重要措施，通过检查及时发现并整改隐患，能够杜绝火灾事故的发生，或把火灾消灭在萌芽状态。重视消防安全重点场所的值班、管理，安排人员每日巡查，及时发现和纠正违章行为。学校在重大节日，如元

旦节、"五一""十一"前及学期始、末，要组织开展安全大检查。只有通过深入细致的检查，才能发现和消除隐患，真正做到防患于未然。对于学校"三令五申"仍屡犯违章行为的人员，要严肃处理，给予经济处罚、纪律处分，并对各种评优、评先等实行安全一票否决。

三、校园火灾预案

（一）目的

为积极防御和应对可能发生的校园火灾事故，高效、有序地组织事故抢险、救灾工作，按照相关校园突发公共事件应急预案的要求，结合学校实际，制定学校火灾事故应急处理预案。

（二）成立应急处理领导小组

应急处理领导小组的工作职责如下。

（1）安排相关部门做好相关火灾避险知识与技能的宣传、培训和应急演练。

（2）初步研究确定事件性质、类型和级别，负责统一决策、组织、指挥学校火灾突发时的应急响应行动。

（3）下达应急处置工作任务。小组成员负责现场指挥救援、实施医疗救治等应急处理工作，并协调、协助相关部门和单位开展应急处置工作。

（4）配合相关部门进行事故调查处理工作，组织专家组进行事件后果评估。

（5）做好伤亡人员的善后及安抚工作，维护校园正常秩序。

（三）事故应急处置预案

（1）事故发生初期，现场人员应视火势情况立即拨打火警电话"119"和医疗救助电话"120"。同时，积极采取自救措施，防止事故扩大。在可能的情况下，尽快报告学校应急领导小组。

（2）应急处理领导小组接到报告后，有关负责人应迅速到位履行职责，组织人员疏散并开展抢救工作，协助消防部门迅速组织抢险救灾，并尽快报告上级主管部门值班室。

（3）迅速发出紧急警报，组织仍滞留在事故现场的人员按照规定线路撤离现场。

（4）迅速关闭、切断输电、燃气系统和各种明火，防止其他灾害滋生。迅速开展以抢救人员为主的现场救护工作，及时将受伤人员转移并送至附近的医院或救护所抢救。

（5）组织人员加强对重要设备、重要物品的救护和保护，加强对现场的巡逻，防止其他事故的发生。

（6）校长办公室、宣传部门及相关部门必须及时做好宣传、沟通和协调工作，全力维护校园安全稳定。

（7）迅速了解、掌握受灾情况，及时汇总上报。

（8）采取措施尽快恢复学校正常的教学、生活秩序。

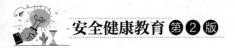

（四）现场保护和事故报告

火灾事故发生后，有关部门必须严格保护事故现场，并迅速采取必要措施抢救人员和财产。因抢救伤病员、防止事故扩大及疏通交通等原因需要移动现场物件时，必须做出标记、拍照、详细记录和绘制事故现场图，并妥善保存现场重要痕迹、物证等。

学校火灾事故发生后，学校在1小时内将所发生事故的情况报告到教育厅，24小时内送达书面报告。事故报告应包括以下内容。

（1）发生火灾事故的单位、岗位、时间、地点。

（2）火灾事故的简要经过、伤亡人数、直接经济损失的初步估计。

（3）火灾事故原因、性质的初步判断。

（4）火灾事故抢救处理的情况和采取的措施。

（5）需要有关部门和单位协助事故抢救和处理的有关事宜。

（五）工作要求

（1）提高认识，加强领导。各部门要从"讲政治、保稳定、促发展"的高度来认识这项工作的重要性，切实加强领导，做好学校火灾事故预防和应急处置工作。

（2）熟悉预案，组织演练。各部门要认真学习应急预案，并定期组织师生训练和演练。

（3）学校相关部门要按照要求配置消防设施，并定期维护。建立义务消防员队伍，确保应急行动顺利展开。

（4）各有关人员要对师生生命、学校财产高度负责，参加应急处理工作；凡无故、借故不参加或拖延参加事故应急处理工作或不服从统一指挥者，将追究其行政责任，情节严重的，追究法律责任。

四、火灾处理

（一）火情处理三要素

第一步，紧急处理不惊慌。发现起火，要大声呼救、果断扑救，越早扑救越容易扑灭火灾。

处理电器起火首先要切断电源；遇到燃气火灾首先要切断气源。各种不同类型的火灾，扑救方法也不同。电器、燃气、油类着火，不能用水浇灭，要用湿衣物、棉被覆盖，阻绝空气。必须遵循"先控制后扑救，先重点后一般"的原则。若无力扑灭，则要呼救及请求众人帮助，迅速报警的同时，也要积极控制火势。

第二步，报警求救表述清楚。拨打消防中心火警电话"119"，报告险情时语速不要太快，应该强调"四个清楚"：一说清单位、地址、门牌号；二说清着火的具体地点（部位），防止单位大不能直接找到着火点；三说清火灾原因、火势大小；四说清报警人姓名和电话。说完后要待对方放下电话后再挂断。要派专人在主要路口等候消防车，争取时间，减少损失。

学校一旦发生火情，同学们不要惊慌失措、自作主张，要在最短时间内迅速报告值班教师和学校安全保卫人员，越早报告越容易把火灾消灭在萌芽状态。同时，要积极服从现场教师的指挥，及时疏散撤离到安全地带。学生及无关人员要远离火场和校园内的道路，以便于消防车辆驶入。

第三步，火场自救与逃生。

（1）当发现楼内失火时，切忌慌张、乱跑，要冷静地探明着火方位，确定风向，并在火势未蔓延前，朝逆风方向快速离开火灾区域。

（2）起火时，如果楼道被烟火封死，那么应该立即关闭房门和室内通风孔，防止进烟；随后用湿毛巾堵住口鼻，防止吸入毒气；并要将身上的衣服浇湿，以免引火烧身。身上着火不要奔跑，可以就地打滚或用湿衣物压灭火苗。如果楼道中只有烟没有着火，那么可以在头上套一个较大的透明塑料袋，防止烟气刺激眼睛和吸入呼吸道，然后采用弯腰的低姿势逃离烟火区。

（3）千万不要从窗口往下跳。如果楼层不高，那么可以用绳子从窗口降落到安全地区。

（4）发生火灾时，不能乘电梯，因为电梯随时可能发生故障或被火烧坏。应沿防火安全通道朝底层跑。如果中途防火楼梯被堵死，那么应该向楼顶跑。同时尽可能将楼梯间窗户玻璃打破，向外高声呼救，让救援人员知道你的确切位置，以便营救。

（5）如果室外着火，门已发烫，那么千万不要开门，可用湿衣被堵住门窗缝隙，并泼水降温。

📖 典型案例

某小区发生火灾后，消防队员发现楼内住户包括离着火点很近的住户均安然无恙。原来是起火后产生大量浓烟将楼梯过道封闭，此时住在5楼的该名女子惊慌失措，拉开房门顺着楼梯往下跑，因没有采取防护措施，没跑几步便被烟熏倒，多亏救援及时没有出现意外。其他住户，包括最靠近起火点的2楼住户，则因用湿毛巾将门缝堵住，躲在家中没有出门，反而没有出事。这也提醒我们万一遇上火灾，一定要沉着冷静，逃生时可用湿毛巾捂住口鼻，防止吸入浓烟导致窒息。在穿过浓烟区域时用湿衣服、湿床单等裹住身体，尽量使身体贴近地面行走。发现身上有火苗时，千万不要跑，应就地打滚或用衣物压灭火苗。当无路可逃时，可利用卫生间避难，并用湿毛巾塞紧门缝。

火灾发生时你会逃生吗？逃生关键的要点有哪些？

（二）常用灭火方法

1. 灭火器使用方法

（1）拔出保险销。

（2）一手握紧喷管。

（3）另一手握紧压把。

（4）喷嘴对准火焰根部扫射。

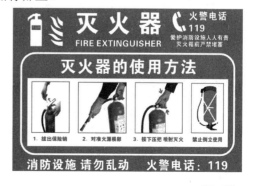

2. 喷淋系统工作原理

（1）感温式消防喷淋系统：平时屋顶消防水箱装满水，当发生火灾时，喷头在达到一定温度（一般是 68℃）后会自动爆裂，管内的水在屋顶消防水箱的作用下自动喷射，这时感温式报警阀会自动打开，阀门的压力开关也会自动打开。压力开关有一根信号线和消防泵连接，因此泵会自动启动。消防泵把水池的水通过管道提供到消防栓，整个消防系统开始工作。

（2）感烟式消防喷淋系统：一般是系统装有感烟探头对烟气进行侦测，当烟气达到一定浓度时，感烟探头报警，被主机确认后反馈到声光报警器，发出声音或闪烁灯光警告人们，并联动防排烟风机开始排烟，同时启动水泵向主干管道供水，喷淋头开始喷水工作。

📰 思考与探究

1. 仔细思考校园中可能发生火灾的地方和原因。
2. 遇到火灾时，拨打"119"要注意什么？
3. 请说出安全逃生自救的方法。

•••• 模块五　财产安全的预防与处置

💡 学习目标

1. 加强对财产安全的认识。
2. 了解并掌握预防盗窃的方法。
3. 了解并掌握预防抢劫、抢夺的方法。
4. 了解并掌握预防诈骗的方法。

调查显示，近几年来在我国发生的刑事犯罪案件中，侵犯他人财产的犯罪一直占有较大的比例。这类犯罪不但造成了巨大的经济损失，而且对社会治安环境产生了非常恶劣的影响。随着社会的不断发展，校园及其周边的环境日趋复杂，盗窃、抢劫、抢夺案件频频发生，影响了学校正常的工作和生活秩序。尤其是职业院校学生，他们缺乏社会生活经验，安全防范意识淡薄，这些案件的发生让他们深陷危险境地。为了创造安定和谐的校园秩序和育人环境，保障学校各项工作有序、正常、安全地进行，学校管理人员和学生自身必须加强财产安全意识，与此同时，应该教育广大学生增强安全防范技能，避免和减少安全事故的发生。

一、对财产安全的认识

（一）概述

1. 财产

财产是指拥有金钱、物资、房屋、土地等物质财富。财产按所有权可分为公有财产（国家财产是公有财产的一种）、私人财产。大体上，私人财产有三种，即动产、不动产和知识财产（即知识产权）。

2. 财产安全

财产安全是指拥有的金钱、物资、房屋、土地等物质财富受到法律保护的权利的总称。

（二）财产安全的类型

在当今校园里，盗窃、诈骗、抢劫已成为危害学生财产安全的三大隐患。据不完全统计，盗窃、诈骗与抢劫案件占校园治安刑事案件的 80%以上，严重影响了学生的学习和生活。

（三）当前财产安全问题存在的原因

1. 内部原因

（1）个人财产安全意识淡薄。处于社会转型期的职业院校学生，自身的安全意识较为淡薄，这其中也包括个人财产安全意识，主要表现在以下几个方面。首先，学生的主要生活圈为学校和家庭，真正接触社会环境的机会很少，对社会的认知也较少，对社会现象大多停留在感性认识上，没有实际经历，也没有防盗窃、防抢劫、防诈骗等观念，缺乏个人财产安全防范意识；其次，大多数学生缺乏法律知识，在个人利益受到侵害时不知道如何运用法律维护自身权利，甚至对法律保护缺乏信心；最后，绝大多数学生从未从事过勤工助学、社会兼职等工作，所有钱物均来自家庭的无偿供给，他们本身并不知道挣钱的辛苦及生活的不易，甚至有人还十分认同"旧的不去，新的不来"这样错误的观念，对个人财产缺乏必要的自觉保护意识。

（2）家庭财产安全教育缺失。一方面，一些父母对于子女的教育存在较大的局限性。在这些父母看来，孩子的学习成绩高于一切，因此忽略了对孩子社会认知和适应方面的教育，忽视甚至无视包括财产安全在内的子女安全教育。另一方面，为了给子女创造更好的学习环境和更多的学习时间，限制其生活空间，家长们常常会人为地封堵孩子外出接触社会、认知社会、适应社会的机会，使年轻人在真正步入社会前丧失了养成财务安全保护意识的机会。

（3）学校对财产安全教育不重视。目前，多数学校针对学生的安全教育主要集中在人身安全和心理健康教育等方面，普遍欠缺财产安全教育。学校普遍重视"三防"（防火、防盗、防骗）硬件设施建设，但对财产安全的防范教育力度有限，甚至有些学校这方面的教育内容几乎是空白。即使在防范措施上，也有部分学校对防范规章的施

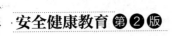

行缺乏长期性、持续性，只在新生入学教育时"一笔带过"，使防范教育流于形式。

2. 外部原因

随着社会的发展进步，社会治安状况不断好转，各类偷盗案件大大减少，人民财产得到了更为有效的保护。但同时，社会上还有那么一小部分人或多或少干着偷盗的事情，甚至有些是职业偷盗分子。

二、积极预防盗窃造成的财产损失

盗窃案件在学校发生的各类案件中占 90%以上，是危害学生财产安全的隐患之首。学生应当掌握一些防范盗窃的知识，避免造成自身、他人和学校的财产损失。

（一）校园盗窃案件发生的重点场所

学生宿舍、食堂、图书馆、运动场所等都是盗窃案件发生的重点场所。

📖 典型案例

夏季天气闷热，某校学生宿舍楼窗户都打开了，同学们都在宿舍内午休，有一个宿舍内放在桌面上的笔记本电脑被人从窗户盗走，里面存有很多资料。我们在睡觉时要关严门窗，增强安全防范意识，切勿心存侥幸。

该案件发生在学生宿舍，宿舍是同学们摆放私人物品的地方，大家应树立防范意识，妥善保管好自己的物品，尽量将物品放在能上锁的抽屉里，尤其是计算机、手机、钱包等贵重物品。离开宿舍时，记得要随手关门，以免让不法分子钻了空子。

（二）校园被盗的常见方式

1. 顺手牵羊

顺手牵羊是指作案人员趁主人不备将放在桌上、走廊、阳台等处的钱物占为己有。

2. 乘虚而入

乘虚而入是指作案人员趁着主人不在的时候，伺机进入房内，然后将房内的现金、存折、银行卡等贵重物品带走。

3. 翻窗入室

翻窗入室是指作案人员翻越没有防范设施的窗户、气窗等入室行窃。入室窃得钱物后，常又堂而皇之地从大门离去，因此这类窃贼不易被发现。

4. 撬门扭锁

撬门扭锁是指作案分子使用各种工具撬开门锁，入室行窃。

5. 用同学的钥匙开同学的锁

用同学的钥匙开同学的锁是指作案分子用同学随手乱丢的钥匙，趁同学不在宿舍时打开同学的锁（包括门锁、抽屉锁、箱子上的锁），从而盗走现金和贵重物品等。这类作案者都是与该同学比较熟悉的人。

（三）校园被盗的常见财物类型

 典型案例

夏天一个闷热的下午，上海某校男生宿舍门敞开着，大家都在午睡，一个陌生人蹿进该寝室。多亏楼管阿姨提高警惕，看到陌生人仔细进行了询问，原来是小偷，经清点，被盗的物品有两部手机、现金、银行卡、饭卡等，价值 3 000 多元，都返还给学生了。我们要提高警惕、胆大心细，尽量把手机或者手提包放在视线范围内，公共场合"不露富"，少带贵重物品出门。

从这个案件发生的情况看，该宿舍同学的安全防范意识缺乏：午睡时不关门窗，又未采取必要的安全措施。几个人同住一室，相互间有很大的依赖性，存在着麻痹心理，给犯罪分子行窃创造了可乘之机。

1. 现金

现金是一些盗窃分子图谋不轨的首选对象。宿舍内不宜放大量的现金，最好的保管现金的办法是将其存入银行。密码应该选择容易记忆且又不易解密的数字，千万不要选自己的出生日期作为密码。特别要注意的是，存折、银行卡等不要与自己的身份证、学生证等证件放在一起。在银行存取款或在自动取款机取款时要注意密码的保密。发现存折、银行卡丢失后，应立即到银行挂失。

2. 各类有价证卡

目前，学校已广泛使用各种有价证卡，如饭卡、月票卡等。这些有价证卡应当妥善保管，最好是放在自己贴身的衣袋内，袋口应配有纽扣或拉链。所有密码一定要注意保密。在参加体育锻炼或沐浴时，应将各类有价证卡锁在自己的箱子里，同时保管好钥匙，千万不要怕麻烦。

3. 贵重物品

贵重物品，如手表、黄金饰品、手机、平板电脑等，较长时间不用的应该带回家或托可靠的人代为保管，不要放在明处。暂时不用的最好锁在抽屉或箱（柜）子里，以防被人乘机盗走。寝室的门锁最好是防撬的，易于翻越的窗户要加装防盗网，门锁钥匙不要随便乱放。在价值较高的贵重物品、衣服上，最好有意识地做上一些特殊的记号，即使被偷走，将来找回的可能性也会大一些。

（四）校园被盗的应对措施

 典型案例

某日下午 4 时左右，安徽某学校的一栋宿舍楼里，学生小孙回来后，发现宿舍门

是反锁的，以为是哪个室友在里面，于是就敲门。待小孙进门后，发现里面并没有室友，只有一个陌生的、学生模样的男子，便询问其是干什么的。那名男子谎称是来这个宿舍找某人的，小孙说这里根本没有这个人，他觉得这名男子非常可疑。联想到周围宿舍近期丢了两台计算机，小孙便不让他走。趁小孙不备，那名男子还是逃走了。接到报警后，派出所的民警迅速赶到现场，在该校老校区内搜索，终于将这名小偷抓获。在其随身携带的物品中，民警发现了自制的开锁工具和部分现金。经审查，这名小偷竟然是在校学生，曾流窜到多所学校，作案多起，涉案金额2万多元。

当我们发现可疑人物的时候，要沉着冷静，切勿急躁害怕，及时采取有效的措施来应对突发情况，能够帮助我们解决问题。

以下一些措施可以帮助我们更好地应对财物被盗的问题。

（1）立即报告楼栋管理员，并及时向学校保卫人员报案，同时封锁和保护现场，不准任何人进入。

（2）发现物品被盗时要迅速叫上他人，寻找和围堵嫌疑人，力争将其抓获并扭送公安机关处理。

（3）积极配合调查，实事求是地回答公安部门和保卫人员提出的问题。

（4）如果发现存折、银行卡、校园卡被盗，应当尽快挂失。

（5）保护盗窃现场，切勿出入和翻动现场物品。

（五）预防校园被盗的注意事项

（1）妥善保管好现金、银行卡等；不要随身携带大量的现金，最好存入银行。

（2）保管好自己的贵重物品，不要随便放在桌上、床上，要放在抽屉、柜子里，并且锁好。寒、暑假时应将贵重物品带走，或托可靠人保管。

（3）养成随手关窗、锁门的习惯。上课、参加集会、出操、锻炼身体等外出离开宿舍时，要关好窗、锁好门。

（4）在教室、图书馆、食堂等公共场所，不用书包占座，以免丢失。

（5）不要违反学校规定，留宿他人，更不能丧失警惕，引狼入室。

（6）发现形迹可疑的人员应保持警惕，及时向值班人员报告。

（7）做到换人换锁，不把钥匙随便借给他人，防止宿舍被盗。

小贴士

防盗术七字歌

离开房间锁好门，睡前要把窗户闭。

私人物品勿乱放，切勿随意留宿人。

宿舍钥匙慎借人，贵重物品随身带。

不要露富给人看，以免他人起歪念。

三、积极预防抢劫、抢夺造成的财产损失

学生抢劫案件是指以占有为目的，以学生为侵害目标，使用暴力、胁迫或以其他方法强行截取财物的行为。掠夺，则是以非法占有为目的，乘人不备公然夺取学生财物的行为。学生涉世未深，缺乏社会经验，且在遇险后大多不敢反抗，往往成为犯罪分子下手的对象。学生在夜间尽量不要单独到偏僻的地方行走，不断提高自我保护能力，才能有效防止人身伤害和财产损失，才能在遇到危险时采取恰当的防范措施，以减少不必要的伤害。

📠 典型案例

某校一名新生对学校和周围环境觉得很新鲜，还未报到就到周边到处转。转眼天色已晚，该同学迷路了，便操着外地口音向人询问学校的方向，不久就被几名不良社会青年盯上了。该同学意识到有危险，迅速调整方向走向人多的大道，并在人多的地方询问了学校的位置，最终成功甩开了后面跟踪的人。

抢劫常发生在行人稀少或夜深人静时，这种情况下外出应结伴而行，走灯光明亮的道路，避开昏暗地段。新生对学校周边的情况不熟悉，不要夜晚出门，更不要随身携带大量现金。

（一）校园抢劫案件的特点

1. 抢劫对象

抢劫的主要对象是单独行走的学生，特别是单独行走的女生。

2. 作案地点

有不少学校的校园很大，但位置偏僻、远离闹市，在这些校园内更容易发生抢劫案件。另外，在比较偏僻、人少的地方，如树林、小山、无路灯的小道和正在施工的建筑物内，都比较容易发生抢劫案件。

3. 作案时间

抢劫发生的时间往往是在夜深人静或中午休息等校园内行人稀少的时候。

4. 作案形式

校园抢劫的形式比较多样，归纳起来，主要有以下几种。

（1）一般是团体作案，有两三个甚至更多的成员。

（2）早已选择好了地点（偏僻或昏暗处），往往采用"守株待兔"的形式。

（3）成员之间对"望风、断后路、实施抢劫"等均有明确的提前分工。

（4）提前计划好了得手后的逃跑路线，且一般都有摩托车等可以迅速逃逸的交通工具。

（5）他们基本上已经判断出目标防范意识差或防范能力弱。

典型案例

某校学生柳某一人行走在回学校的路上，此时路上已经鲜有人迹。"往哪里走？"就在柳某埋头往学校赶的时候，两名男子突然从路边跳了出来。"你在外面得罪人了，对方出 3 000 元，要我们来找你要。"两名男子恶狠狠地对他说。"我没有得罪什么人啊！""我们不管，拿别人的钱，就要替别人办事情。"两名男子丝毫没有放走柳某的意思。"别伤害我，我身上有 500 元，全部都给你们。"柳某主动妥协了。"跟我们走，让你的朋友和亲戚再打点钱。"晚上 11 点 30 分左右，两名男子将柳某挟持至一家宾馆。在宾馆内，柳某通过亲朋好友，最终筹足了 2 000 元，并将钱汇进了两名男子指定的账户。等两名男子将柳某放走后，柳某立刻拨打了 110，经过警方缜密侦查，最终将这两名男子抓获。

（二）发生抢劫抢夺时应采取的措施

遭到抢劫、抢夺时，应当沉着冷静，仔细分析所处环境，采取适当的策略。

（1）案发时要尽力周旋。冷静观察身边的环境，利用砖头、木棍等与犯罪分子对峙，使其在短时间内无法近身，争取时间或对犯罪分子造成心理压力，以便伺机逃脱。

（2）巧妙麻痹作案人。当处于作案人的控制下而无法反抗时，可按照作案人的要求交出部分财物，并采取说服、教育、晓以利害，与作案人说笑斗口，采取幽默方式表明自己已交出全部财物并无反抗的意图，使作案人放松警惕，以便自己看准时机进行反抗或逃脱。

（3）采用间接反抗法。要注意观察并记住作案人的特征（包括身高、年龄、体态、衣着、伤疤等），或趁其不备时在作案人身上留下记号，如在衣服上擦点泥土、血迹，在其口袋中放点有标记的小物件。在作案人得逞后注意其逃脱的方向。

（4）及时向公安机关、学校保卫部门报案，以利于案件侦破，追回损失。作案人得逞后，很有可能继续寻找下一个抢劫目标，甚至可能正在作案。及时向相关部门报案并提供有用的线索，可帮助他们更好地开展工作，早日将犯罪分子绳之以法。

（三）预防校园抢劫、抢夺案件的方法

（1）外出时不要携带大量的现金和贵重物品，必须携带时，应请同学随行。

（2）不外露或向人炫耀贵重物品。提取较大数额现金时，尽量在柜面点清楚，避免在大厅反复清点。

（3）夜间外出尽量向有人、有灯光的地方走。发现可疑人员跟踪，不要害怕，可以大声呼叫同学、老师的名字。

（4）不要将装有贵重物品的包随便放在自行车车筐里，车筐不是保险箱，物品很容易被夺走。有些歹徒盯上目标后，还常常会在目标的自行车轮上缠绕麻绳、铁丝等，一旦车主埋头清理时，就飞快下手将车筐里的物品抢走。

（5）歹徒作案时通常会使用摩托车等交通工具，得手后迅速逃离。因此靠内侧行走无疑会增加歹徒作案的难度。另外，最好将包斜挎，如果靠右行走，那么包最好也

在右边；如果是两人并行，那么包最好在两人中间。

四、积极预防诈骗造成的财产损失

学生诈骗案件是指以在校学生为作案目标，以非法占有为目的，用虚构事实或隐瞒真相的方法骗取数额较大财物行为的案件。诈骗案件由于一般不使用暴力，是在一派平静甚至"愉快"的气氛下进行的，因此学生往往更容易上当。

诈骗方式有合同诈骗、假金元宝诈骗、利用求财心理诈骗、在特定场所诈骗、中大奖诈骗、利用公话诈骗、碰撞丢钱诈骗等。针对学生诈骗主要是职场陷阱，包括试用期陷阱、工资陷阱、智力陷阱等。

（一）校内诈骗易得手的原因

（1）学生思想单纯，防范意识较差。
（2）学生爱慕虚荣，遇事不够理智。
（3）学生有求于人，交友行事草率。
（4）学生贪图小便宜，急功近利。

（二）校内诈骗作案的主要手段

1. 假冒身份，流窜作案

诈骗分子往往利用假名片、假身份证与学生进行交往，有的还利用捡到的身份证等在银行设立账号提取骗款。骗子为了既能骗得财物又不暴露自己，通常采用游击方式流窜作案，财物到手后即逃离。还有人以骗到的钱财、名片、身份证、信誉等为资本，再去诈骗其他人、重复作案。

2. 投其所好，引诱上钩

一些诈骗分子往往利用学生急于就业的心理，投其所好，应其所急，施展诡计，骗取财物。

3. 真实身份，虚假合同

利用假合同或无效合同诈骗的案件，近几年有所增加。一些骗子利用学生经验少、法律意识差、急于赚钱贴补生活的心理，常以公司的名义、真实的身份让学生为其推销产品，事后却不兑现承诺和酬金而使学生上当受骗。对于类似的案件，由于事先没有完备的合同手续，处理起来比较困难，往往时间拖得比较长，花费了许多精力却得不到应有的回报。

4. 借贷为名，骗钱为实

有的骗子利用学生贪图便宜的心理，以高利集资为诱饵，使学生上当受骗。个别学生常以"急于用钱"为借口向其他同学借钱，然后挥霍一空，要债的追紧了就再向其他同学借款"补洞"，拖到毕业一走了之。

5. 以次充好，恶意行骗

一些骗子利用学生"识货"经验少，又苛求物美价廉的特点，上门推销各种产品而使学生上当受骗。更有一些到办公室、学生宿舍推销产品的人，一旦发现室内无人，就会"顺手牵羊"，然后溜之大吉。

6. 招聘为名，设置骗局

诈骗分子常利用一切机会与学生拉关系、套近乎，或表现出相见恨晚而故作热情，或表现得十分感慨以朋友相称，骗取信任后寻求机会作案。

学生为了减轻家里的负担，很希望有勤工俭学的机会，在求职时，急于求成，有时病急乱投医。诈骗分子往往以招聘的名义，对一些"无知"的学生设置骗局，骗取介绍费、押金、报名费等。

📖 知识拓展

花样百出的招聘骗局

招聘骗局花样百出，仅招聘广告中设的陷阱就有多种。毕业生要特别注意防止以下几种招聘广告。

（1）垃圾式招聘。招聘广告贴在马路边、电线杆、私人民宅及劳动力市场的外墙上，大多数是为了捞取报名费。

（2）中介式招聘。招聘条件低，不透露公司细节，先交咨询费。以中介公司名义张贴各种求职信息，并以管吃管住等优惠条件骗取信任，让求职者信以为真。一旦交了报名费和押金，便人去楼空。或以著名企业的名义招工行骗，由于著名企业影响较大，等交了报名费，去报到的时候，企业一头雾水。

（3）永久式招聘。广告长期有效，长年招聘，且报名不受任何限制者。

（4）爆炸式招聘。一次招人过百，岗位从总经理到下属员工一线贯穿，除非新建公司，否则大多数都是恶意炒作。

（5）单线式招聘。联系方式模糊，仅有一个手机号码，大多数都是私人作坊，侥幸进去后自身利益很难得到保证。

（6）色情式招聘。打着急招"公关先生""公关小姐"字样，或发廊急招小工等，以高工资、优惠待遇骗取年轻男性、女性信任后，使这些涉世不深的学生自身利益受损。

（7）无收入招聘。一些小店长年在门口竖着"急聘"广告，无工资，需要靠你揽业务提成，自己给自己发工资。有的骗子承包了某项目，招工后却不签订劳动合同，项目完成时，骗子拿着承包款失踪，应聘者不但拿不到工资，甚至骗子是谁都不清楚。

（8）拔高式招聘。打出招聘领班、主管的旗号，多数不能兑现，需要经过漫长的考核期，是"高招低用"。

（9）错位式招聘。公司简介多而精，招聘人员少而稀，大多是公司借招聘之名行广告之实。

（10）补偿式招聘。刚在内部大幅裁员，却又跑到人才市场扯起横幅大规模招人，是为了裁人转移视线的手段。

（三）预防校内诈骗的方法

（1）观察学习，提高防范意识。

（2）交友需谨慎，避免以感情代替理智。

（3）与同学和老师之间多沟通，相互帮助。

（4）服从校园管理，自觉遵守校纪校规。

（5）不贪钱财，不图便宜，慎重对待他人的财物请求。

（6）学会自我保护，保护自身秘密。

总之，做老实人，不贪横财，要坚信"馅饼不会从天上掉下来"。

思考与探究

1. 什么是财产安全？财产安全问题存在的原因是什么？

2. 如何预防盗窃造成的财产损失？

3. 如何预防抢劫、抢夺造成的财产损失？

4. 如何预防诈骗造成的财产损失？

模块六　卫生安全的预防与处置

学习目标

1. 加强对公共卫生安全的认识。

2. 了解并掌握典型疾病的预防与处置措施。

在日常生活中，人们时常会遭遇饮食问题及各类疾病的侵袭，给人身安全造成侵害，轻则导致身体不适，重则损害身体，甚至导致人的伤残和死亡。如果饮食问题和各类疾病发生在学校，那么将会影响学生的学习、生活。因此，学校应积极做好卫生安全和疾病防控工作，有效保护学生的安全和权益，保障学生顺利学习及身体健康。

一、认识公共卫生安全

（一）公共卫生安全的概念

传统的公共卫生概念指的是大庭广众之下的卫生，包括不随地大小便、不随地吐痰等行为。随着社会的发展，这些现象已经很少存在了。但公共卫生问题却没有彻底解决，现在公共卫生的概念指的是防治疾病、延长寿命、改善身体健康的功能。狭义的公共卫生安全指的是控制传染病、食品安全、职业卫生、学校卫生、放射卫生和环境卫生。而公共卫生安全是公共卫生产生的后果，像传染病、食物中毒都是公共卫生没做好引起的不良后果。我国进入城镇化建设以来，人口密度越来越高，一旦有传染病出现，不加以防范，就会迅速蔓延，影响更多的人。

（二）学校公共卫生安全存在的问题

目前，很多职业院校学生对于公共卫生安全知识没有完全了解，对于一些新增的公共卫生知识不太在意，如吸"二手烟"的不良影响、上网过度对身体的影响等。当前职业院校公共卫生安全方面所存在的问题主要包括三类：①对疾病认识存在问题；②对食品安全认识存在问题；③生活习惯造成的卫生安全。

此外，最近几年，一些学生有严重的心理疾病，为一点小事就持刀伤人、投毒，这也是公共卫生安全中的问题。解决这些问题还要从心理疏导上入手。对于和学生公共卫生有直接关系的后勤部门，如食堂、宿舍管理部门，学校监管工作也有待提高。有些学校后勤部门过分追求经济效益，在食材采购上不讲究质量，只图便宜，发生集体食物中毒事件。在医疗方面，一些学校医疗室重医疗轻预防，对于一些常见的、通过预防就能阻止的小毛病没有做好事先预防。

二、各类典型疾病的预防与处置

（一）猝死

猝死的诱因主要分为心脏性和非心脏性两大类，预防猝死的主要措施包括要积极治疗原有的疾病，如高血压、冠心病等，戒烟限酒，合理膳食，防止肥胖，避免精神过度紧张，适当运动，生活要有规律等。

典型案例

小华从单位的 4 楼往下走，快到 2 楼的时候，突然右脚崴了一下，剧烈的疼痛过后，他感觉胸闷、恶心不适。在楼梯上半蹲着休息了一会，他越来越不舒服，扶着栏杆硬撑着走到了 1 楼，没想到，紧接着昏倒在 1 楼的地板上。

同事发现后，连忙把他送到附近的医院进行急救，好在，小华被救回来了。原来，小华住在单位的宿舍里，他认为自己年轻，觉得自己身体好。晚上不过 12 点不睡觉，从来都不吃早饭。经过这次事件后，小华开始规律作息，按时吃早饭，身体也越来越健康了。

1. 猝死概述

（1）概念。猝死是指自然发生、出乎意料的突然死亡，是指貌似健康而无明显症状的人由于潜在某种疾病或功能障碍，所引起的突然意外的非暴力性死亡，其完整术语为"急速的意外的自然性疾病死亡"。

（2）特点。猝死有三个特点：一是从发病到死亡非常快；二是猝死常发生在看似健康的人身上，通常具有不可预测性；三是均为自然死亡或非暴力死亡。目前流行的定义有1小时内、6小时内和24小时内死亡三种说法。世界卫生组织定义急性症状发生后6小时内死亡为猝死。心脑血管疾病、胰腺炎、剧烈运动、某些药物等都可以造成猝死。

（3）原因与诱因。猝死可分为心脏性和非心脏性两大类，而心脏性猝死是突然自然发生死亡的最常见原因，占70%左右；而心脏性猝死中，冠心病约占70%，其他心脏病约占20%，如心肌病、心肌炎等，另外约10%心脏无器质性改变，而是交感神经过度兴奋导致儿茶酚胺大量释放的结果。这些心脏疾病都会导致心脏突然停止有效收缩，造成全身供血严重不足。因时间较短，患者一般得不到及时抢救，以致死亡。

心脏性猝死的主要原因有争吵、过度兴奋、紧张、运动、过度疲劳、压力过大、炎热、大量饮酒、大量抽烟、生活不规律等不健康的生活方式，原有冠心病、心肌病、高血压心脏病、慢性心瓣膜病、先天性心脏病等疾病患者属高危人群，亚健康群体也在此列——在猝死的案例中，有很多人是没有任何症状的，甚至也没有高血压、高血脂的危险因素，这个群体平均年龄不大，因此并不是很重视自身的健康问题，而且他们长期处于紧张工作和巨大的心理压力下，身心俱疲，在运动、兴奋的诱因之下成为猝死的高危群体。

非心脏性猝死的诱因主要包括脑出血、肺栓塞、急性坏死性胰腺炎、哮喘、过敏、猝死综合征、葡萄球菌性暴发性紫癜、毒品和某些药品过量等。

2. 防范措施

（1）积极治疗原有疾病。高血压、冠心病的患者应注意心血管疾病的"魔鬼时间"（从凌晨至早上10点这段时间都是心血管疾病的高发时段，被医学界称为"魔鬼时间"）。

（2）戒烟限酒。吸烟者的冠心病发病率较不吸烟者高3.6倍，吸烟与其他危险因素如高血压、高胆固醇有协同作用，可使冠心病的发病危险性成倍增加；尼古丁可使冠状动脉痉挛，加重猝死的风险。

（3）合理膳食。选择高蛋白质、易消化的食物，如鱼、牛奶、大豆等。宜吃植物食用油如橄榄油、花生油、玉米油、豆油等。选择清淡饮食，多食富含食物纤维的粗粮、蔬菜，增加维生素的摄入。多食新鲜瓜果，控制甜食。低盐饮食，少吃煎、炸、熏、烤和腌制的食物。用餐不宜过饱。

（4）防止肥胖。肥胖给心血管系统带来不利的负担，体重超过标准体重5千克，心脏的负担即增加10%。

（二）艾滋病

1. 艾滋病概述

（1）概念。艾滋病是一种危害性极大的传染病，由感染艾滋病病毒（HIV）引起。HIV 是一种能攻击人体免疫系统的病毒，它把人体免疫系统中最重要的 T 淋巴细胞作为主要攻击目标，大量破坏该细胞，使人体丧失免疫功能。因此，人体易于感染各种疾病，并可发生恶性肿瘤，病死率较高。HIV 在人体内的潜伏期为 8～9 年，患艾滋病以前，可以没有任何症状地生活和工作多年。

（2）临床表现。发病以青壮年较多，发病年龄 80%在 18～45 岁，即性生活较活跃的年龄段。在感染艾滋病后往往患者会患有一些罕见的疾病如肺孢子虫肺炎、弓形虫病、非典型性分枝杆菌与真菌感染等。

感染 HIV 后，最开始的几年至 10 余年可无任何临床表现。一旦发展为艾滋病，患者就会出现各种临床症状。一般初期的症状如同普通感冒、流感样，可有全身疲劳无力、食欲减退、发热等，随着病情的加重，症状日渐增多，如皮肤、黏膜出现白色念珠菌感染，出现单纯疱疹、带状疱疹、紫斑、血疱、瘀血斑等；以后渐渐侵犯内脏器官，出现原因不明的持续性发热，可长达 3～4 个月；还可出现咳嗽、气促、呼吸困难、持续性腹泻、便血、肝脾肿大、并发恶性肿瘤等。临床症状复杂多变，但每个患者并非上述所有症状全部出现。侵犯肺部时常出现呼吸困难、胸痛、咳嗽等症状；侵犯胃肠可引起持续性腹泻、腹痛、消瘦无力等症状；还可侵犯神经系统和心血管系统。

① 一般症状：持续发热、盗汗，身体虚弱，持续广泛性全身淋巴结肿大。特别是颈部、腋窝和腹股沟淋巴结肿大更明显。淋巴结直径在 1cm 以上，质地坚实，可活动，无疼痛。体重下降在 3 个月内可达 10%以上，最多可降低 40%，患者消瘦特别明显。

② 呼吸道症状：长期咳嗽、胸痛、呼吸困难、严重时痰中带血。

③ 消化道症状：食欲下降、厌食、恶心、呕吐、腹泻，严重时可便血。一般情况下，用于治疗消化道感染的药物对这种腹泻无效。

④ 神经系统症状：头晕、头痛、反应迟钝、智力减退、精神异常、抽搐、偏瘫、痴呆等。

⑤ 皮肤和黏膜损害：单纯疱疹、带状疱疹、口腔和咽部黏膜炎症及溃烂。

⑥ 肿瘤：可出现多种恶性肿瘤，位于体表的卡波西肉瘤可见红色或紫红色的斑疹、丘疹和浸润性肿块。

（3）治疗。目前在全世界范围内仍缺乏根治 HIV 感染的有效药物。现阶段的治疗目标是最大限度和持久地降低病毒载量；获得免疫功能重建和维持免疫功能；提高生活质量；降低 HIV 相关的发病率和死亡率。本病的治疗强调综合治疗，包括一般治疗、抗病毒治疗、恢复或改善免疫功能的治疗及机会性感染和恶性肿瘤的治疗。

① 一般治疗：对 HIV 感染者或获得性免疫缺陷综合征患者均无须隔离治疗。对无症状 HIV 感染者，仍可保持正常的工作和生活。应根据具体病情进行抗病毒治疗，并密切监测病情的变化。对艾滋病前期或已发展为艾滋病的患者，应根据病情注意休息，给予高热量、多维生素饮食。不能进食者，应静脉输液补充营养。加强支持疗法，包括输血及营养支持疗法，维持水及电解质平衡。

② 抗病毒治疗：抗病毒治疗是艾滋病治疗的关键。随着采用高效抗反转录病毒联

合疗法的应用，大大提高了抗 HIV 的疗效，显著改善了患者的生活质量。

2. 防范措施

目前尚无预防艾滋病的有效疫苗，因此最重要的是采取预防措施，其方法如下。

（1）坚持洁身自爱，不卖淫、嫖娼，避免婚前、婚外性行为。

（2）严禁吸毒，不与他人共用注射器。

（3）不要擅自输血和使用血制品，要在医生的指导下使用。

（4）不要借用或共用牙刷、剃须刀、刮脸刀等个人用品。

（5）使用安全套是性生活中最有效地预防性病和艾滋病的措施之一。

（6）要避免直接与艾滋病患者的血液、精液、乳汁和尿液接触，切断其传播途径。

（三）癌症

1. 癌症概述

（1）概念。在医学上，癌是指起源于上皮组织的恶性肿瘤，是恶性肿瘤中最常见的一类。相对应地，起源于间叶组织的恶性肿瘤统称为肉瘤。有少数恶性肿瘤不按上述原则命名，如肾母细胞瘤、恶性畸胎瘤等。一般人们所说的"癌症"习惯上泛指所有恶性肿瘤。

（2）原因。

① 外界因素。

第一，化学因素：如烷化剂、多环芳香烃类化合物、氨基偶氮类、亚硝胺类、真菌毒素和植物毒素等，可诱发肺癌、皮肤癌、膀胱癌、肝癌、食管癌和胃癌等。

第二，物理因素：如 X 线可引起皮肤癌、白血病等，紫外线可引起皮肤癌，石棉纤维与肺癌有关，滑石粉与胃癌有关，烧伤深瘢痕和皮肤慢性溃疡均可能发生癌变等。

第三，生物因素：主要为病毒，其中 1/3 为 DNA 病毒，2/3 为 RNA 病毒。DNA 病毒如 EB 病毒与鼻咽癌、伯基特淋巴瘤有关，人类乳头状病毒感染与宫颈癌有关，乙型肝炎病毒与肝癌有关。RNA 病毒如 T 细胞白血病/淋巴瘤病毒与 T 细胞白血病/淋巴瘤有关。此外，幽门螺杆菌感染与胃癌的发生也有关系。

② 内在因素。

第一，遗传因素：真正直接遗传的肿瘤只是少数不常见的肿瘤，遗传因素在大多数肿瘤发生中的作用是增加了机体发生肿瘤的倾向性和对致癌因子的易感性，如结肠息肉病、乳腺癌、胃癌等。

第二，免疫因素：先天性或后天性免疫缺陷易发生恶性肿瘤，如丙种蛋白缺乏症患者易患白血病和淋巴造血系统肿瘤，肾移植后长期使用免疫抑制剂的患者，肿瘤发生率较高，但大多数恶性肿瘤发生于免疫功能"正常"的人群，主要原因在于肿瘤能逃脱免疫系统的监视并破坏机体免疫系统，机制尚不完全清楚。

第三，内分泌因素：如雌激素与催乳素和乳腺癌有关，生长激素可以刺激癌的发展。

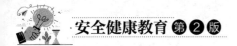

2. 防范措施

国际抗癌联盟认为，1/3 的癌症是可以预防的，1/3 的癌症如能早期诊断是可以治愈的，还有 1/3 的癌症可以减轻痛苦，延长生命。据此提出了恶性肿瘤的三级预防概念。

一级预防是消除或减少可能致癌的因素，防止癌症的发生。约 80%的癌症与环境和生活习惯有关，如戒烟，注意环境保护都较为重要。近年来的免疫预防和化学预防均属于一级预防，如乙型肝炎疫苗的大规模接种，选择性环氧化酶 2（COX-2）抑制剂对结直肠腺瘤进行化学预防等。

二级预防是指癌症一旦发生，如何在早期阶段发现并予以及时治疗。对高发区和高危人群定期检查，一方面从中发现癌前病变并及时治疗，另一方面尽可能发现较早期的恶性肿瘤进行治疗，可获得较好的治疗效果。

三级预防是治疗后的康复，提高生存质量，减轻痛苦，延长生命。包括各种姑息治疗和对症治疗。对癌痛的治疗，世界卫生组织提出三级止痛方案，基本原则为由非吗啡类药物过渡到吗啡类药物；从小剂量开始，根据止痛效果逐步增加剂量；以口服为主，无效时直肠给药，最后注射给药；定期给药。

📰 思考与探究

1. 职业院校学生公共卫生安全存在哪些问题？
2. 如何预防各类典型的疾病，如猝死、艾滋病、癌症？
3. 怎样从改变不良生活习惯做起，预防各种疾病？

●●●● 模块七 网络侵害行为的预防与应对

💡 学习目标

1. 加强对网络侵害行为的认识。
2. 掌握各类网络侵害行为的预防与应对措施。

互联网自 20 世纪 90 年代落户中国以来，以"世界触手可及"之优势，颠覆性地改变着人们传统的学习、工作、生活方式。通过网络，可以足不出户购得自己中意的商品；通过网络，可以不需要见老师就可以享受面对面的辅导；通过网络，可以便捷地获取自己需要的信息。网络使人们的沟通更加便捷，生活愈发丰富多彩。但是，在感受网络积极作用的同时，我们应该注意到，一些人特别是部分学生沉迷于虚幻的网络中，对网络信息缺乏必要的甄别能力，自我保护意识淡薄，给别有用心的人提供了可乘之机。一些不法分子利用网络的隐蔽性和少数学生对网络的轻信，发布虚假信息，实施骗钱害人的违法犯罪行为。现实生活中，因迷恋、轻信网络而上当受骗甚至酿成悲剧的事情屡屡发生，给部分学生及其家庭带来了严重危害，也影响了社会安定和谐。作为当代职业院校学生，了解网络活动中可能遇到的安全问题，掌握基本的防范方法和相关的法律知识，是避免在网络活动中受到伤害，保障个人健康成长的重要内容。

一、认识网络侵害行为

（一）概述

1. 网络侵害行为

网络侵害行为是指网络传播者、网络平台及网络接受者三者之间在传播互动中所产生的不利传播行为。

2. 网络侵害行为的类型

网络侵害主要表现为计算机网络犯罪，包括技术性破坏行为，利用互联网制作、复制和传播有害信息，网络诈骗和窃密活动等。黑客攻击、计算机病毒等技术性破坏行为是典型的网络侵犯行为，这种侵犯行为能较好地体现网络侵犯行为的舆情内涵。

（二）影响

1. 网络侵害行为对财产安全的威胁

随着互联网电商的快速发展，越来越多的人通过网络购物，还有很多人使用网上银行、手机银行进行移动支付。然而，有些不法分子利用网络平台对他人的财产进行窃取，从而产生了网络侵害行为，严重侵犯了网民的财产安全权。

网络侵害行为对财产安全的威胁表现在两个方面。一方面，网络侵害行为侵犯了人们的虚拟财产。所谓虚拟财产主要是指存储于网络空间的具有货币价值的金钱，在日常生活中较为常见的是将银行卡里的钱充值到支付宝或微信平台中，利用网络交易的形式进行消费，再比如人们所说的"装备""积分"等，都可以被称为虚拟财产。另一方面，通过网络平台进行欺诈行为，主要表现为受害者在不知情的情况下遭受的财产损失。

2. 网络侵害行为对人格权的威胁

在网络平台中，倡导网络面前人人平等的和谐精神，人们都追求网络言论自由化和平等化。虽然网络言论自由是每个公民的权利，但是很多公民没有意识到应该正确行使言论自由权。当前社交网络非常发达，人们会通过社交网络传播自己的观点和想法，然而有些思想较为极端并且带有侵害思想的人对他人进行恶意诋毁和故意中伤，这种行为已经构成了对他人人格权的网络侵害。

3. 网络侵害行为对国家安全的威胁

随着办公无纸化越来越普及，我国政府部门都在广泛应用互联网进行办公。国家安全信息需要高度的互联网安全保障，那么国家信息的安全竞争就演变成了一场无声的"网络竞争"。据统计，世界上很多国家包括我国，每年都在遭受着网络侵害，我国境内公安系统的主服务器仍会被"木马程序""僵尸程序"等恶意攻击。

（三）原因分析

1. 网络安全意识较为淡薄

职业院校学生目前对于网络的利用多为娱乐和社交等，网络安全意识比较淡薄，对网络安全的威胁没有形成深刻的防范意识。这就为不法分子的不法行为制造了一个温床，使网络失范行为的发生率有所提高。

2. 网络侵害行为相关法律存在漏洞

就我国目前的法律体系来看，没有很完整且很细致的法律法规是针对互联网侵害行为而制定的。由于网络侵害行为存在隐蔽性和非法性，法律无法估计到每种侵害情况，因此网络侵害行为就钻着法律的空子乘虚而入。

3. 过于依赖网络软件技术

对于网络平台来说，网络能够应用起来依靠的是网络软件程序及硬件资源，因此在网络技术层面，软件技术的地位更为关键，网络运行要依靠软件技术支撑。如果软件受到攻击和破坏，网络侵害行为就会出现，造成网络瘫痪，信息大量泄露。

二、积极预防与应对网络侵害行为

（一）加强法律意识，恪守网络道德

1. 学习互联网法律法规，依法上网

为规范网民合法使用互联网，国家相关部门制定并出台了一系列法律法规。这些法律法规尽管规范的对象有所不同，但其价值取向都是一致的，那就是确保互联网信息高速公路的畅通，保障国家和网民利益免受损害。因此在使用互联网时，我们应当自觉地学习和了解相关的法律法规，做到依法上网。

从 1994 年国务院颁布第一部计算机法规《中华人民共和国计算机信息系统安全保护条例》以来，我国已陆续出台 40 余部互联网法律法规，涉及国际联网、信息服务、著作权保护、域名管理等多个方面。

① 规范信息服务的法律法规《互联网信息服务管理办法》于 2000 年 9 月 25 日由国务院颁布，2011 年 1 月 8 日国务院发布了该办法的修订版。这是专门针对互联网信息服务出台的管理办法。该管理办法确立了网站备案制度，对网站服务内容和信息发布内容做了相关限制规定。2021 年 2 月 22 日，由国家互联网信息办公室发布的新修订的《互联网用户公众账号信息服务管理规定》正式施行，旨在进一步加强互联网用户公众账号的依法监管，促进公众账号信息服务健康有序发展，对依法规范公众账号信息传播秩序发挥了积极作用。

② 互联网著作权保护方面的法律法规《互联网著作权行政保护办法》于 2005 年

4 月 30 日颁布，旨在加强互联网信息服务活动中信息网络传播的行政保护，规范行政执法能力。办法规定了互联网信息服务活动中的信息网络传播权的管辖部门、处罚所适用的法律，并对著作权人、互联网信息服务提供者、互联网内容提供者三方的权利和义务做了较为详细的规定。

2. 恪守网络道德，做文明网民

说到网络道德，人们会误以为只是那些攻击计算机的黑客才需要遵守，其实每一个行走网络的人都需要遵守。打球有打球的规则，玩游戏有玩游戏的规则，各行有各行的规则，行走网络自然也要遵守网络的规则，那便是网络道德。网络道德是人性道德的折射。网络虽然是虚拟的，但也是现实存在的，每一个成员都要自觉遵守网络道德，才能让人们所喜爱的、丰富多彩的网络"天空更蓝，水更清，空气更清新"，才能优化网络环境，才能使我们的社会更加文明、和谐。

行走网络要尊重他人。聊天时要用文明语言，不要出口伤人；不要强人所难，不要侮辱他人人格，不要狂妄自大，自以为高人一等，这样是达不到与人交流的目的的。除此之外，尊重别人的劳动成果，也是对他人的尊重。例如，网络发表的文章、音视频，若要转载，则应注明原作者。抄袭或者复制并署上自己的姓名，这都是对他人的不尊重。面对求助者，要有爱心，尽力相助。尊重他人是现代文明的基石，尊重他人也会得到他人的尊重。

网络交往是现实人际交往的延伸，在网络中不要随便制造、传播谣言，扰乱网络秩序；不进行行骗活动，不传播病毒。网络交往还要真诚，不要诱骗涉世未深的青少年，让他们受到情感的伤害。网络交往更多地反映在网聊上，网聊包括相熟朋友之间，也包括陌生人之间的聊天。为他人保密也是重要的网络道德之一，把别人不希望第三人知道的情况或是隐私透露给他人，是不道德的行为。

网络使大容量的信息得以快速传递，为人们了解时事、学习知识、与人沟通、休闲娱乐等提供了便捷的条件，这无疑映射了人类文明的进步。网络是人们共同的生活空间，每个人都承担着建设文明、健康的网络环境的责任。在网络世界，可以自由驰骋，可以潇洒无羁；在网络世界，可以娓娓细说，可以表达自己的心声，但我们要遵守网络的基本道德。每一位行走网络的职业院校学生，都应自觉遵守《全国青少年网络文明公约》，即"要善于网上学习，不浏览不良信息；要诚实友好交流，不侮辱欺诈他人；要增强自护意识，不随意约会网友；要维护网络安全，不破坏网络秩序；要有益身心健康，不沉溺虚拟时空"，共同营造一个文明、优雅的网络环境！

（二）远离网络诱惑，杜绝网络成瘾

网络、电信的发展使学生的交往面空前扩大，但同时也带来了信息安全的问题。网络信息具有及时性、虚拟性、交互性、共享性、多样性、开放性等特征；对用户来讲，使用时又具有匿名性；再加上学生的心理具有不成熟性、不愿承担责任、好奇心强、追求刺激的特征。所以，上网成为学生所追求的学习、娱乐、休闲的方式。

典型案例

成绩优异的小苏在今年 6 月份开始接触网游，而且逐渐成瘾，从此就不想学习，课上不听讲，课下不交作业，成绩一落千丈。父母找小苏谈了一次心，发现小苏是因为平时父母忙于生意，才沉迷网络。小苏的父母意识到了问题的严重性，开始陪伴小苏，渐渐让他走出了网络的虚拟世界。

1. 网络成瘾综合症概述

（1）概念。网络成瘾综合症（Internet Addiction Disorder，IAD）也称为病理性上网（Pathological Internet Use，PIU），主要表现为对网络有心理依赖感，不断增加上网时间；从上网行为中获得愉快和满足，下网后感到不快；在现实生活中花很少的时间参与社会活动和与他人交往；以上网来逃避现实生活中的烦恼和情感问题；倾向于否定过度上网给自己的学习、工作和生活造成的损害。

（2）原因。第一，青少年相对缺乏自我控制能力，希望通过网络游戏等方式来舒缓自己的压力，摆脱孤独，获得成就感。第二，家庭教育的失误，如一些家长除了关心孩子的成绩，对于其他方面并不太过问，因此，虚拟的网络世界成了他们释放压力、获得平等的好去处。

（3）危害。第一，生理危害。长期沉迷于网络会导致不能维持正常的睡眠周期，停止上网时出现失眠、头痛、注意力不集中、消化不良、恶心厌食、体重下降等问题。第二，心理危害。网瘾不仅会带来生理上的伤害，还会带来心理上的伤害，其具体表现为易出现注意力不能集中和持久，记忆力减退，对其他活动缺乏兴趣，为人冷漠，缺乏实践感，情绪低落等情况，严重的会出现人格障碍等问题。

2. 网络成瘾综合症的识别

（1）症状表现：极度恋网、不谙人际、身心疾病。

（2）网瘾自测表见表 2-1。

表 2-1　网瘾自测表

条　目	内　容
1	你是否对网络过于关注（如下网后还想着它）
2	你是否感觉需要不断增加上网时间才能感到满足
3	你是否难以减少或控制自己对网络的使用
4	当你准备下线或停止使用网络的时候，是否感到烦躁不安、无所适从
5	你是否将上网作为摆脱烦恼和环境不良情绪（如紧张、抑郁、无助）的方法
6	你是否对家人或朋友遮掩自己对网络的着迷程度
7	你是否由于上网影响了自己的工作状态或朋友关系
8	你是否经常为了上网花很多钱
9	你上网时间是否经常比预期的要长
10	你是否下网时觉得心情不好，只要上网就会精神

回答一个"是"得 1 分，你的总分为 5 分以上（包括 5 分）说明你的网瘾很大，得 8 分以上就需要诊断是否患了网络成瘾综合征。

3. 网络成瘾综合征的治疗方法

（1）科学安排上网时间，合理利用互联网。首先，要明确上网的计划，上网之前应把具体要完成的工作列在纸上，有针对性地浏览信息，避免漫无目的地上网。其次，要控制上网操作时间。每天操作累计时间不应超过 1 小时，连续操作 1 小时后应休息 30 分钟左右。最后，应设定强制关机时间，准时下网。

（2）培养健康、成熟的心理防御机制。研究表明，网络成瘾与人格因素（个性因素）有关，一定的人格倾向使个体易于成瘾，网络只是造成成瘾的外界刺激之一。因此，要不断完善自己的个性，培养广泛的兴趣爱好和较强的个人适应能力，学会合理宣泄，正确面对挫折，只有这样才会形成成熟的心理防御机制，不会一味地躲在虚拟世界中逃避失败与挫折。

（3）具体方法。

① 谈话法。家长、教师需要耐心地与学生进行交谈，让他们真正明白网络成瘾综合征的不良影响，让他们心甘情愿地戒掉网瘾。另外，必须设身处地地跟学生谈心，让他感受到温暖和关怀。

谈话的内容可以涉及以下几点内容：网络的利弊；什么是网络亚文化；学生的优点和缺点；列举身边一些真实的例子（网络成瘾综合征方面的）；网络成瘾与执着奋斗的区别；学习与娱乐的区别；自身的责任。

② 药物法。戒网瘾也可以吃药，如氟西汀（百忧解）、氟伏沙明（兰释）等西药都可以帮助戒除网瘾。据了解，未来的戒除网瘾药物主要包括抗抑郁剂和抗焦虑剂两种，这些药物全部都是处方药，由医生严格掌控。此类药物大多数都具有很强的副作用，所以在使用过程中要谨遵医嘱。

③ 强化训练法。强化训练法具体分为两个步骤。第一步是进行野外成长训练，在封闭环境中培养团队精神，学会与他人交流，转移对网络的依赖心理，这个阶段一般 5～7 天。第二步进行互动沟通，加强与学生的交流沟通，通过举行角色互换等活动体验学生的变化，最终帮助学生重塑价值观和人生目标，正确对待虚拟的网络世界，这一阶段大概持续 2 个月。

④ 代替法。要找到一种替代上网的活动，这种活动可以是健身、听音乐、交友、旅游等。用每个人所特有的爱好和休闲娱乐方式来转移注意力，使其暂时忘掉网络的诱惑。例如，喜欢体育运动的人可以通过打球等方式有效地转移注意力，以此来减少对网络的依赖。

小贴士

"网络诱惑"的方式

（1）发送电子邮件，以虚假信息引诱用户中圈套。

（2）建立假冒网上银行、证券网站，骗取用户账号和密码，实施盗窃。

（3）利用虚假的电子商务进行诈骗。

（4）利用"木马"和"黑客"技术等手段窃取用户信息后实施盗窃活动。

（5）利用用户弱口令等漏洞破解、猜测用户的账号和密码。

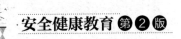

（三）谨防信息陷阱，共享信息安全

随着信息技术的高速发展，无论是通信方式、管理系统，还是金融服务、网络传播，信息技术为各行各业工作效率的提高都奠定了基础。然而，有害程序、个人资料的泄露、信息陷阱等问题，成为信息安全的威胁因素；信息技术给人们带来种种便利的同时，也潜藏着各种不安全的因素。

典型案例

某公司的财务人员小王，在 QQ 上收到"公司老板张总"的消息。"张总"询问了小王公司账户的数额，随后发给他一个账号，要求小王将 96 万元工程款打入此账户。

小王去银行汇完款，回到公司正好碰到张总，于是告诉张总，那笔工程款已经汇去了。张总纳闷，自己并没有让小王汇款啊！这时两人突然意识到遇到了骗子，便立即报警。

由于报警及时，警方马上冻结了骗子账户上的 30 万元。专案组经过两个多月的调查，抓获了犯罪嫌疑人，同时追回 10 万余元被骗款项。然而剩余的 50 余万元，早已被取走。

案发后，小王将自己的笔记本电脑拿到公安部门检查，警察发现，在小王的 QQ 邮箱里有一封携带病毒的陌生邮件，正是它盗取了小王的 QQ 信息。

骗子一般先在网上购买一款盗号木马，然后搜索各类财务人员的 QQ 群，以财务人员的名义加入群内，再给群成员群发以财务考试、会计师考试等为标题带有病毒的邮件，只要打开邮件单击链接，病毒便会进入计算机盗取 QQ 密码。

骗子顺利登录小王的 QQ，经过观察，找到了公司老板张总的 QQ 号。删掉张总的号，同时添加了一个和他 QQ 头像、昵称等完全一样的 QQ 号。就这样，骗子轻易骗取了 96 万元。

1. 谨防信息陷阱

（1）概述。信息陷阱是指不法分子利用可能的技术手段，违背法律、伦理道德，获取相关利益而导致的信息安全事件。不法分子充分利用了人们对能够获取利益、满足个人愿望的心灵期待，利用种种技巧，使人上当受骗。信息陷阱的类型包括病毒陷阱、色情陷阱、感情陷阱、钞票陷阱。

（2）预防方法。当前，网络陷阱花样繁多，新骗术的技术性很强，学生经常上当，网络陷阱防骗秘诀主要有三条。

① 戒贪，因为上当者大都是想贪小便宜的人。

② 戒黄，因为常见的"网络陷阱"很大一部分都是出自黄色网站。

③ 要做到"网通"，因为只有掌握了过硬的网络知识，才有可能识破各式各样的"网络陷阱"。

2. 共享信息安全

1）概述

（1）信息安全是指信息网络的硬件、软件及其系统中的数据受到保护，不因偶然的或者恶意的因素而遭到破坏、更改、泄露，系统连续、可靠、正常地运行，信息服务不中断。信息安全的范围大到国家军事政治等机密安全，小到防范商业机密泄露，防范青少年对不良信息的浏览，防范个人信息的泄露等。

（2）类型。

① 窃取。非法用户通过数据窃听的手段获得敏感信息。

② 截取。非法用户首先获得信息，再将此信息发送给真实接收者。

③ 伪造。将伪造的信息发送给接收者。

④ 篡改。非法用户对合法用户之间的通信信息进行修改，再发送给接收者。

⑤ 拒绝服务攻击。攻击服务系统，造成系统瘫痪，阻止合法用户获得服务。

⑥ 行为否认。合法用户否认已经发生的行为。

⑦ 非授权访问。未经系统授权而使用网络或计算机资源。

⑧ 传播病毒。通过网络传播计算机病毒，其破坏性非常大，而且用户很难防范。

2）策略

信息安全策略，是指为保证提供一定级别的安全保护所必须遵守的规则。实现信息安全，不但要靠先进的信息安全技术，而且要靠严格的安全管理、完善的法律法规及用户自身较高的安全意识。

（1）先进的信息安全技术。先进的信息安全技术是网络安全的根本保证。用户对自身面临的威胁进行风险评估，决定其所需要的安全服务种类，选择相应的安全机制，然后集成先进的安全技术，形成一个全方位的安全系统。

（2）严格的安全管理。各计算机网络使用机构、企业和单位应建立相应的网络安全管理办法，加强内部管理；建立合适的网络安全管理系统，加强用户管理和授权管理；建立安全审计和跟踪体系，提高整体网络安全意识。

（3）完善的法律法规。目前，我国现行的法律、法规及规章中，与信息安全密切相关的有多部，它们涉及网络与信息系统安全、信息内容安全、信息安全系统与产品、保密及密码管理、计算机病毒与危害性程序防治、金融等特定领域的信息安全、信息安全犯罪制裁等多个领域，其中，还有多部全面规范信息安全的法律法规。依法处理危害信息安全的犯罪事件，震慑了违法犯罪分子，维护了计算机信息网络的正常秩序。

（四）警惕网络攻击，文明有序上网

典型案例

2014 年 1 月 21 日国内通用顶级域的根服务器忽然出现异常，导致众多知名网站出现 DNS 解析故障，用户无法正常访问。虽然国内访问根服务器很快恢复，但由于 DNS 缓存问题，部分地区用户"断网"现象仍持续了数小时，至少有 2/3 的国内网站受到影响。微博调查显示，"1·21 全国 DNS 大劫难"影响空前。事故发生期间，超过 85% 的用户遭遇了 DNS 故障，引发网速变慢和打不开网站的情况。

1. 概述

（1）网络攻击是指利用网络存在的漏洞和安全缺陷对网络系统的硬件、软件及其系统中的数据进行的攻击。

（2）类型。

① 主动攻击。主动攻击会导致某些数据流的篡改和虚假数据流的产生。这类攻击可分为篡改、伪造消息数据和拒绝服务。

篡改消息是指一个合法消息的某些部分被改变、删除，消息被延迟或改变顺序，通常用以产生一个未授权的效果，如修改传输消息中的数据，将"允许甲执行操作"改为"允许乙执行操作"。

伪造消息数据是指某个实体（人或系统）发出含有其他实体身份信息的数据信息，假扮成其他实体，从而以欺骗方式获取一些合法用户的权利和特权。

拒绝服务即常说的 DOS，会导致通信设备正常使用或管理被无条件地中断。通常是对整个网络实施破坏，以达到降低性能、中断服务的目的。这种攻击也可能有一个特定的目标，如到某一特定目的地（如安全审计服务）的所有数据包都被阻止。

② 被动攻击。被动攻击中攻击者不对数据信息做任何修改。通常包括窃听、流量分析、破解弱加密的数据流等攻击方式。

截取/窃听是指在未经用户同意和认可的情况下攻击者获得了用户信息或相关数据。

流量分析攻击方式适用于一些特殊场合，如敏感信息都是保密的，攻击者虽然从截获的消息中无法得到消息的真实内容，但攻击者能通过观察这些数据包的模式，分析确定出通信双方的位置、通信的次数及消息的长度，获知相关的敏感信息，这种攻击方式称为流量分析。

窃听是最常用的手段。目前应用最广泛的局域网上的数据传送是基于广播方式进行的，这就使一台主机有可能收到本子网上传送的所有信息。而计算机的网卡工作在杂收模式时，它就可以将网络上传送的所有信息传送到上层，以供进一步分析。如果没有采取加密措施，那么通过协议分析，可以完全掌握通信的全部内容。窃听还可以用无线截获方式得到信息，通过高灵敏接收装置接收网络站点辐射的电磁波或网络连接设备辐射的电磁波，通过对电磁信号的分析恢复原数据信号从而获得网络信息。尽管有时数据信息不能通过电磁信号全部恢复，但肯定能得到极有价值的情报。

由于被动攻击不会对被攻击的信息做任何修改，留下的痕迹隐蔽，或者根本不留下痕迹，因而非常难以检测，所以抗击这类攻击的重点在于预防，具体措施包括虚拟专用网（Virtual Private Network，VPN），采用加密技术保护信息及使用交换式网络设备等。被动攻击不易被发现，因而常常是主动攻击的前奏。

被动攻击虽然难以检测，但可采取措施有效地预防，而要有效地防止攻击也是十分困难的，开销太大，抗击主动攻击的主要技术手段是检测，以及从攻击造成的破坏中及时地恢复。检测同时还具有某种威慑效应，在一定程度上也能起到防止攻击的作用。具体措施包括自动审计、入侵检测和完整性恢复等。

（3）危害。随着终端技术的迅速发展，特别是移动网络宽带的不断提高和手机智能化趋势的加强，手机的应用范围越来越广泛。手机的功能，也从最初的拨打电话，发展到现在的收发短信、微信、手机账户交易等。手机中的信息，不仅包括电话号码，还有网络交易账户、密码、个人财产资料甚至是公司商业机密等。手机智能化增强的同时，也比更容易受到"病毒""流氓软件""间谍软件"等的攻击和侵入。当机主用手机进行网游，使用手机购物、手机银行等功能时，如果机主没有对手机进行一些必要的防护，那么手机号码、机主姓名、消费习惯等一旦被不法分子利用，用户就会收到大量垃圾广告和无用信息。

2. 应对方式

在对网络攻击进行上述分析和识别的基础上，我们应当认真制定有针对性的策略。明确安全对象，设置强有力的安全保障体系。有的放矢，在网络中层层设防，发挥每层网络的作用，使每一层都成为一道关卡，从而让攻击者无隙可钻、无计可施。还必须做到未雨绸缪，预防为主，将重要的数据备份并时刻注意系统运行状况。以下是针对众多令人担心的网络安全问题提出的几点建议。

（1）提高安全意识。不要随意打开来历不明的电子邮件及文件，不要随便运行程序。尽量避免从 Internet 下载不知名的软件、游戏。即使从知名的网站下载的软件也要及时用最新的病毒和木马查杀软件对软件和系统进行扫描。

密码设置尽可能使用字母、数字混排，单纯的英文或数字非常容易穷举。设置不同的常用的密码，防止被人查出一个，连带出其他重要密码。重要密码最好经常更换。

及时下载安装系统补丁程序。

不随便运行黑客程序，不少这类程序运行时会发出自己的个人信息。

在支持超文本标记语言（Hypertext Markup Language，HTML）的论坛上，如发现提交警告，先看原始码，这类警告非常可能是骗取密码的陷阱。

（2）防火墙软件。使用防毒、防黑等防火墙软件。防火墙是用以阻止网络中的黑客访问某个机构网络的屏障，也可称为控制进、出两个方向通信的门槛。在网络边界上通过建立相应网络通信监视系统来隔离内部和外部网络，以阻挡外部网络的侵入。

（3）代理服务器。设置代理服务器，隐藏 IP 地址。保护自己的 IP 地址是非常重要的。事实上，即便你的机器上被安装了"木马"，若没有你的 IP 地址，攻击者也是没有办法的，而保护 IP 地址的最佳方法就是设置代理服务器。代理服务器能起到外部网络申请访问内部网络的中间转接作用，其功能类似于一个数据转发器，主要控制哪些用户能访问哪些服务类型。当外部网络向内部网络申请某种网络服务时，代理服务器接受申请，然后它根据其服务类型、服务内容、服务对象、服务者申请的时间、申请者的域名范围等来决定是否接受此项服务，如果接受，那么它就向内部网络转发这项请求。

（4）其他策略。将防毒、防黑当成日常例行工作，定时更新防毒软件，将防毒软件保持在常驻状态，以完全防毒；由于黑客经常会针对特定的日期发动攻击，计算机

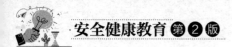
用户在此期间特别要提高警惕；对于重要的个人资料应做好严密的保护，并养成资料备份的习惯。

📓 思考与探究

1. 网络侵害产生的危害有哪些？
2. 网络侵害出现的原因是什么？
3. 网络侵害的预防与应对措施分别有哪些？

第三单元

学生心理健康与安全

模块一 学生心理问题与调适

学习目标

1. 理解心理健康与心理问题的相关概念。
2. 知道诊断一般心理问题与严重心理问题的条件。
3. 掌握学生容易产生的心理问题。
4. 学会心理调适的方法。

心理健康对人的一生发展都有着重要意义。从现代社会发展对人的整体影响来看，具有乐观开朗的性格、坚韧不拔的品质、积极向上的人生态度，对个人的成长和社会的发展都起着重要的作用。学生的心理健康状况不良，将严重影响他们的身心发展。因此，应对学生心理健康进行指导，以培养其良好的心理素质。

一、概念

（一）心理健康

1989 年联合国世界卫生组织（WTO）对健康所下的定义：健康不仅指没有疾病或不正常现象的存在，还包括每个人在生理、心理及社会行为上能保持最佳、最高的状态。由此可见，健康包括生理、心理和社会行为三方面的意义。身体健全、情感理智和谐并能很好地适应社会环境，这是当代健康人的必备条件。

心理健康具有很强的相对性和阶段性。一个人没有绝对的健康与不健康，只是程度不同而已。同时衡量心理健康的标准也应根据国家或地区的文化背景差异而有所不同。例如，西方社会崇尚以自我实现为价值核心，而我国更加注重人与人、人与社会之间的和谐，人的一生中的心理状态是动态发展的，可能从不健康转变为健康，也可能从健康转变为不健康。因此，人们所指的心理健康只是某一阶段特定的心理状态。

（二）心理问题

1. 一般心理问题

一般心理问题是由现实因素激发、持续时间较短、情绪反应能在理智控制之下、不严重破坏社会功能、情绪反应尚未泛化的心理不健康状态。

诊断为一般心理问题，必须满足以下四个条件。

第一，由于现实生活、工作压力、处事失误等因素而产生内心冲突，并因此而体验到不良情绪（如厌烦、后悔、懊丧、自责等）。

第二，不良情绪不间断地持续一个月，或不良情绪间断地持续两个月仍不能自行化解。

第三，不良情绪反应仍在相当程度的理智控制下，始终能保持行为不失常态，基本能维持正常生活、学习、社会交往，但效率有所下降。

第四，自始至终，不良情绪的激发因素仅仅限于最初事件；即使是与最初事件有联系的其他事件，也不引起此类不良情绪。

2. 严重心理问题

严重心理问题是由相对强烈的现实因素激发、初始情绪反应强烈、持续时间较长、内容充分泛化的心理不健康状态。

诊断为严重心理问题，必须满足以下四个条件。

第一，引起严重心理问题的原因，是较为强烈的、对个体威胁较大的现实刺激。内心冲突是常形的。在不同的刺激作用下，求助者会体验到不同的痛苦情绪（如悔恨、冤屈、失落、恼怒、悲哀等）。

第二，从产生痛苦情绪开始，痛苦情绪间断或不间断地出现且持续时间在两个月以上、半年以下。

第三，遭受的刺激程度越大，反应越强烈。大多数情况下，会短暂地失去理性控制；在后来的持续时间里，痛苦可逐渐减弱，但是，单纯地依靠"自然发展"或"非专业性干预"却难以解脱；对生活、工作和社会交往有一定程度的影响。

第四，痛苦情绪不但能被最初的刺激引起，而且与最初刺激相类似、相关联的刺激也可引起此类痛苦，即反应对象被泛化。

（三）神经症性心理问题（可疑神经症）

在此种类型的心理不健康状态下，内心冲突是异形的，它已接近神经衰弱或神经症，或者它本身就是神经衰弱或神经症的早期阶段。

二、学生容易产生的心理问题

处于青春期的学生，是其人生发展的关键阶段。由于这个阶段的特殊性，人们又把青春期称为"心理断乳期"或"人生的第二次危机"，意指从这时起，个体将在心理上脱离父母的保护及对他们的依恋，逐渐成长为独立的社会个体。从青春期开始的"断乳"，给学生带来了非常大的不安，尽管他们在主观上有独立的要求和愿望，但实际上难以在短时间内适应独立生活，许多问题无法依靠自己的力量和能力去解决，也不愿求助父母或其他人，担心有损独立人格。

学生生活是一个集体的生活环境，同时也是一个学习压力大和竞争激烈的环境，很多学生都是第一次离开父母独自生活，进校之后难免在人际交往、学习方法等方面产生困惑，进而发展成心理问题。

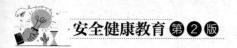

（一）新生不适应问题

1. 认知上：自我认识发生偏差，自信心不足

典型案例

内向的小华因为步入新环境，总担心自己会没有办法适应。但是，小华主动和同学们接触，发现每个人都很有趣，在自己慢慢敞开心扉后，他的朋友也越来越多。

新生刚到新环境时，总担心别人不喜欢自己，自己没有吸引力、没有优势。在这种错误信念影响下，出现失落、自卑的心理，自信心受到打击。

2. 情绪上：学习方式不适应，产生自我封闭

典型案例

小胡每天学习到晚上12点，早上6点起床，中午也不休息。繁重的作业常常会让她感到压力很大。她很想努力学好，但一看到书就头痛，一上课就走神，这使她认为自己很差，因此常常失眠。渐渐地小胡觉得这样下去也不是办法，便重新制订了学习计划，合理分配学习和休息时间，晚上在11点前睡觉，中午吃完饭后也尽量午休一会。保证了充足的睡眠后，小胡发现上课也没那么容易走神了，上课听懂后，课后作业也没有之前那么让自己头疼了，一切都变成了一个良性的循环。

由于环境变化大、压力大，新生容易出现害怕、嫉妒、焦虑、自卑等情绪。又因为新生的时间相对空余，所以会产生一种不适应的感觉，总认为班上其他同学比自己强，很容易自卑、生气，以及产生强烈的孤独感，同时感叹"这个阶段的同学情谊不如初中阶段的感情深厚"，于是产生了迷茫、焦虑等情绪，长久下去就会造成自我封闭，影响正常的人际交往。

3. 行为上：时间分配不合理，自我发展规划混乱

典型案例

小丽刚进校时希望有丰富的课外生活，大量参加学校的各种活动，没有做好合理的时间分配，导致期中考试成绩陡然下降。这让她后悔、伤心不已。意识到这点后，她开始制订计划，将学习时间合理安排后，课余时间再分配给学校的活动。

有的新生适应不良在行为上的表现主要有退缩、过分保护自己、什么活动都不参与、从不主动和其他同学交往等；而有的新生在丰富多彩的生活中，表现为过分积极，什么活动都参加，一天忙得团团转，但似乎什么事情也没有做好，特别是学习受到很大影响。

许多新生盲目效仿高年级的发展规划，制定许多混乱的发展目标，并未真正结合自身的兴趣、优势和日常学习安排等，导致整日疲劳，效率低下。

（二）人际交往问题

1. 自卑

自卑是指过低评价自己而造成的消极体验，自卑心理的产生有多种原因，如家庭条件、容貌长相、学习成绩、才艺特长等。自卑心理致使一些学生在与人交往中出现不自信、敏感、猜疑等现象。害怕、担心别人看不起自己，心情抑郁、压抑。有些学生用自傲来掩饰自卑的心理，喜欢与人争论，具有较强的攻击性，导致人际关系紧张。

2. 嫉妒

嫉妒是指在才能、成绩、荣誉、容貌等不如别人时，在羞愧、愤怒、怨恨中产生复杂的情绪状态，它限制了交往的范围，抑制了交往的热情，甚至造成"视友为敌"。例如，培根所言："嫉妒这恶魔总是在暗地里，悄悄地去毁掉人间的好东西。"

3. 自我为中心倾向

现在的学生自幼备受家庭的宠爱与呵护，在人际交往中，更习惯从自己的立场、观点出发来对待周围的人和事。对别人期望高、要求严，自我约束松、要求低。因而，在与同学、朋友、教师相处的过程中，时常以"自我为中心"的心态去看待别人、要求别人，很少去体会别人的想法与感受。交往中缺乏与人合作的意识与行为及换位思考的能力。总是以自己的思想、情感和需要为出发点，不体谅他人的感受，致使一些学生很难真正适应学校的环境和集体生活。

4. 功利化倾向

随着市场经济的深入发展，人们的商业意识日趋增强。面对激烈的竞争和就业的压力，越来越多的学生开始重视人际交往的物质实惠。"有用即交往""有求即结识""互相利用"等功利意识增强，注重"往前看"，在进取征程上能用到的就想办法结交相识；忽视"向后看"，用不上就不交往；感恩意识缺乏。个别学生将功利主义作为人际交往的指导思想，表现为有用的才交往，无用的不交往，用处大的深交，用处小的浅交的交往观念。

（三）情感类问题

1. 单恋

单恋是恋爱心理的一种认知和情感的失误。单恋使某些学生陷入痛苦的境地，处于空虚、烦恼，甚至绝望之中。处理不好这种情感问题将对学生的恋爱、婚姻生活产生消极的影响。因此，陷入单恋的学生要及早止步、另做选择。

2. 失恋

失恋带来的悲伤、痛苦、绝望、忧郁、焦虑、空虚等情绪使当事人受到伤害，它是人生中最严重的心理挫折之一。失恋所引发的消极情绪若不及时化解，则会导致身心疾病。

3. 网恋

网恋是网络时代一种新的情感交往方式。许多人在参与的同时，也存在困惑和疑虑。加上网络本身具有身份虚拟与隐藏等特点，如果不能正确对待，那么可能会引发一些问题，对学生的成长过程，甚至一生产生负面影响。

4. 婚前性行为

在缺乏性道德约束的情况下，可能会因为性冲动产生不良的性行为，这些不良的性行为会影响学生的性心理发展和学业发展。

（四）学习问题

1. 学生在学习过程中的不适应

当学生走进一个新的环境会产生种种问题，如不适应学校的安排、教学模式、学习方式、考试方式和要求等。

2. 学习目的不明确，缺乏计划性

学习计划是实现学习目标的重要保证。有些学生对自己的学习毫无计划，整天忙于被动地应付作业和考试，不能主动、自觉地学习，对看什么、做什么、学什么都感到茫然。他们总是在考虑"老师要我做什么"而不是"我要做什么"。

3. 学习缺乏自信

缺乏自信即人们俗称的自卑，就是感觉自己各个方面都不如别人。在学习上表现为对自己的智力、学习能力及学习水平做出偏低的评价，总觉得自己不如别人，会悲观失望、丧失信心等。

三、学生心理问题的调适方法

（一）自我意识调节

自我意识使人可以认识和体验自己的情绪，同时也可以控制情绪的变化，如一个人的政治意识、道德意识、公民意识及角色意识等均可对情绪起到调节作用。只有提高自我意识的支配能力，才能保证较高的自我意识水平，发挥正常的自我意识功能。

（二）情感调节

学生精力旺盛，情感丰富，常常产生一些不良情绪，如果不良情绪所产生的能量难以释放，那么就会影响身心健康。因此，要学会情感调节，使不良情感得以转化，即将不良情绪带来的能量引向比较符合社会规范的方向，转化为具有社会价值的积极行动。

（三）语言暗示调节

学生由于知识和阅历不断丰富，开始具有独立思维和独立意识，因而通过科学地运用语言暗示，可解决一些学生的思想问题，在学生政治思想教育方面有积极的

作用。

（四）理智调节

学生往往好强气盛，在日常生活中易出现过于强烈的情绪反应，每当此时，思维就会变得狭隘，情绪难以自控。因此，无论遇到什么事件，产生什么情绪，都要用理智的头脑分析并推理，找出原因，从而保持心理平衡。

（五）注意力转移调节

转移注意力在心理保健中必不可少。当心绪不佳时，可以外出参加一些娱乐活动，换换环境，换个想法，从而消解不良的情绪。

（六）合理宣泄调节

情绪有的可以升华，有的则不一定要升华，合理宣泄，同样可以起到心理调节的作用。但要注意情感宣泄的对象、地点、场合、方式等，切不可任意宣泄，无端迁怒于他人，造成不良后果。

（七）交往心理调节

交往是人类不可缺少的社会性需要，不仅是利益和物质的交流，也是情感与思想的交流。因此当心情不愉快时，不妨向同学和朋友倾诉一番，这会起到良好的心理调节作用。

（八）群体阶段性心理调节

在校期间，各年级学生的心理特点不同，因此要注重不同年级学生心理的调节。例如，新生入校应注意学生生活适应不良的调节；而高年级特别是毕业班的学生，应引导他们选定目标，进行个人与国家利益之间的舍弃与服从等方面的调适，以保证学生在各阶段均有良好的心理。

（九）审美心理调节

爱美之心人皆有之，只有人人追求美，社会才显得更富活力。学生正处于身心发育阶段，他们在学习的同时，也注重美的选择。因此，应引导他们对内在美与外在美的调节。只有高尚的心灵与美好的外部形体相结合，才能形成不俗的气质和高雅的风度。

21 世纪，中国的发展需要大批德、智、体、美、劳全面发展的复合型人才。学校教育是培养各类专业人才的基础，学生肩负着国家发展的重大使命，是祖国未来建设的栋梁。但是，随着现代社会经济发展，市场竞争日趋激烈，学生危机感日益增强，各种矛盾困惑日益增多，心理负荷越来越大，积累久了，就会成为一个危险要素，影响学生心理健康，进而影响学生的生活质量和发展前景。因此，学校不应该只关注学生的身体问题，更应该关注学生的心理问题，以保证学生的身心得到全方位的发展。

思考与探究

1. 什么是心理健康及心理问题？
2. 如何诊断一般心理问题及严重心理问题？
3. 学生容易产生的心理问题有哪些？有哪些具体表现？
4. 如何积极进行心理调适？

•••• 模块二　心理障碍的预防

学习目标

1. 了解心理障碍及其相关概念。
2. 知道常见的心理障碍。
3. 理解常见心理障碍的相关症状。
4. 理解学生常见的心理障碍。

　　学生成长过程中经受着由繁重的学业、迷惘的就业前景、价值观的冲突等引发的心理震荡和冲击，产生的矛盾、冲突、困惑、迷茫无时不有，无处不在。近年来，学生心理障碍呈明显上升趋势，严重影响了学生的学习生活秩序。然而，心理障碍类别多，易混淆，学生容易对号入座，胡乱给自己贴上心理疾病的标签，形成严重的心理负担。因此，学生需要了解常见的心理障碍及其成因，从而科学对待心理障碍，树立信心，以良好的心理状态迎接人生的一次次挑战。

一、心理障碍及相关概念

　　广义的心理障碍，就是心理异常，是心理状态病理性变化，属于心理病理学的范畴。心理障碍具有明显的持久性和特异性，与一定的情境无必然的联系。心理障碍并非必然由一定的情境直接诱发，但在一定的情景下可以加重。心理障碍通常由严重的脑功能失调或脑器质性病变引起，但也是一般心理问题积累、迁延、演变的表现和结果。

　　心理障碍通过心理症状与心理疾病两种形式表现出来。心理疾病就是多种心理障碍以心理症状的形式，集中和突出地符合某种疾病的诊断标准的表现。在心理疾病中，多种心理障碍是作为"症状群"出现的，即心理疾病是多种心理障碍集中或综合的表现。

　　在临床上，各种心理疾病大多数以"障碍"命名，如认知障碍、情绪障碍、行为障碍等，也有以"症"命名的，如癔症、神经症、精神症等。

二、常见心理障碍及症状

（一）感知障碍

感知障碍患者在感知客观事物的个别属性，如大小、长短、远近时产生变形。该症状分为"视物显大症""视物显小症"，统称为视物变形症。有一种感知综合障碍称为"非真实感"。患者觉得周围事物像布景、"水中月""镜中花"，人物像是油画中的肖像，没有生机。"非真实感"可见于抑郁症、神经症和精神分裂症。

另外，还有一种感知综合障碍，患者认为自己的面孔或体形改变了形状，自己的模样发生了变化，因而在一日之内多次窥镜，故称为"窥镜症"。"窥镜症"可见于精神分裂症和器质性精神障碍。

1. 感觉障碍

（1）感觉障碍。它是由于病理性或功能性感觉阈限降低而对外界低强度刺激的过强反应。此症状多见于神经症或感染后虚弱状态患者。

（2）感觉减退。它是由于病理性或功能性阈限增高而对外界刺激的感受迟钝，此症状多见于抑郁状态、木僵状态和意识障碍患者。神经系统器质性疾病也常有感觉减退。

（3）内感性不适。内感性不适是指躯体内部性质不明确、部位不具体的不舒适感，或难以忍受的异常感觉。多见于精神分裂症、抑郁状态、神经症和脑外伤综合征。

2. 知觉障碍

（1）错觉。错觉是对客观事物歪曲的知觉。正常人偶有错觉发生，但经现实验证后，可加以纠正。精神疾病患者的错觉不能接受现实检验，在意识障碍的谵妄状态时，错觉常带有恐怖性质。

（2）幻觉。幻觉是对无对象性的知觉，即感知到的形象不是由客观事物引起的。幻觉是一种很重要的精神病性症状。

（二）思维障碍

思维障碍的临床表现多种多样，人们大体上将其分为思维形式障碍和思维内容障碍两部分。

1. 思维形式障碍

思维形式障碍包括联想障碍和思维逻辑障碍，常见的症状有下面几种。

（1）思维奔逸。思维奔逸是一种兴奋性的思维联想障碍，主要指思维活动量的增加和思维联想速度的加快。患者表现为语量多，语速快，口若悬河，滔滔不绝，词汇丰富，诙谐幽默。患者自诉脑子反应灵敏（脑子转得快）。思维奔逸多见于躁狂状态或情绪性精神障碍躁狂发作。

（2）思维迟缓。思维迟缓是一种抑制性的思维联想障碍，与上述思维奔逸相反，以思维活动显著缓慢、联想困难、思考问题吃力、反应迟钝为主要临床表现。患者语量小，语速慢，语音低沉，反应迟缓。

（3）思维贫乏。思维贫乏的患者思想内容空虚，概念和词汇贫乏，对一般性询问往往无明确的应答性反应或回答得非常简单，回答时语速并不减慢，这是思维贫乏和思维迟缓精神症状鉴别的要点之一。

（4）思维松弛或思维散漫。思维松弛或思维散漫的患者的思维活动表现为联想松弛、内容散漫。在交谈中，患者对问题的叙述不够中肯，也很不切题，给人的感觉是"答非所问"，此时与其交谈有一种十分困难的感觉。

（5）破裂性思维。破裂性思维的患者在意识清醒的情况下，思维联想过程破裂，谈话内容缺乏在意义上的连贯性和应有的逻辑性。患者在言谈或书信中，其单独语句在语法结构上是正确的，但主题之间、语句之间却缺乏内在意义上的连贯性和应有的逻辑性，因此旁人无法理解其意义。

严重的破裂性思维患者在意识清醒的情况下，不但主题之间、语句之间缺乏内在意义上的连贯性和应有的逻辑性，而且在个别词句之间也缺乏应有的连贯性和逻辑性，言语更加支离破碎，语句片段毫无主题可言，这种症状又称为语词杂拌。

除上述表现外，思维障碍还表现为思维不连贯、思维中断、思维插入、思维被夺、思维云集、病理性赘述、逻辑倒错等。

2. 思维内容障碍

（1）妄想。妄想是指一种脱离现实的病理性思维。妄想的特点如下。

① 以毫无根据的设想为前提进行推理，违背思维逻辑，得出不符合实际的结论。

② 对这种不符合实际的结论坚信不疑，不能通过摆事实讲道理、进行知识教育及自己的亲身经历来纠正。

③ 具有自我卷入性，以自己为参照物。

（2）强迫观念。强迫观念又称强迫性思维，是指某一种观念或概念反复出现在患者的脑海中。患者自己知道这种想法是不必要的，甚至是荒谬的，并力图加以摆脱，但是在实践上常常违背患者的意愿，想摆脱又摆脱不了，患者为此而苦恼。

（3）超价观念。超价观念是一种在意识中占主导地位的错误观念。它的发生虽然常常有一定的事实基础，但是患者的这种观念是片面的，与实际情况有出入。只是由于患者的这种观念带有强烈的感情色彩，因而患者才坚持这种观念不能自拔，并且明显地影响患者的行为。超价观念多见于人格障碍和心因性精神障碍患者。

（三）注意障碍

临床上常见的注意障碍有注意减弱和注意狭窄。

（1）注意减弱。注意减弱是指患者主动注意和被动注意的兴奋减弱，以致注意容易疲劳，注意力不易集中，因而记忆力也受到不好的影响，多见于神经衰弱症状群、器质性精神障碍及意识障碍。

（2）注意狭窄。注意狭窄是指患者的注意范围显著缩小，主动注意减弱，当注意集中于某一事物时，不能再注意与之有关的其他事物。多见于有意识障碍时，也可见于激情状态、专注状态和智能障碍患者。

1. 记忆障碍

（1）记忆增强。记忆增强是一种病理的记忆增强，表现为病前不能够回忆的并且不重要的事情现在都可以回忆起来。多见于情绪性精神障碍躁狂发作或抑郁发作时，也可见于偏执状态。

（2）记忆减退。记忆减退在临床上较为多见，可表现为远记忆力减退和近记忆力减退。脑器质性损害者最早出现的是近记忆力减退，患者记不住最近几天，甚至当天的进食情况，或记不住近几天谁曾前来看望等；病情严重后远记忆力也减退，如回忆不起本人经历等。记忆减退多见于脑器质性精神障碍。

（3）遗忘。对局限于某一时期内的经历不能回忆称为遗忘。顺行性遗忘指患者不能回忆疾病发生以后一段时间内所经历的事情。例如，脑震荡、脑挫伤患者回忆不起受伤后到意识清醒前这一段时间内所发生的事情。

（4）错构。错构是记忆的错误，对过去曾经历过的事情，在发生的时间、地点、情节上出现错误记忆，并坚信不疑。错构多见于脑器质性疾病。

（5）虚构。虚构是患者在回忆时，把过去事实上从未发生过的事情，说成是确有其事。患者以这样一段虚构的事实来弥补他所遗忘的那一段事实的经历。

智能包括注意力、记忆力、分析综合能力、理解力、判断力、一般知识的保持和计算力等。总之，智能是一个复杂的、综合的精神活动。临床上将智能障碍分为精神发育迟滞和痴呆两大部分。

2. 智能障碍

（1）精神发育迟滞。精神发育迟滞指先天或围生期或在生长发育成熟前，由于多种致病因素的影响，使大脑发育不良或发育受阻，以致智能发育停留在某一阶段，不能随着年龄的增长而增长，其智能明显低于正常同龄人的症状。导致精神发育迟滞的致病因素有遗传、感染、中毒、头部外伤、内分泌异常或缺氧等。

（2）痴呆。痴呆是一种综合征（症候群），是指在意识清醒的情况下后天获得的记忆、智能的明显受损。痴呆主要临床表现为分析、判断、推理能力下降，记忆力、计算力下降，后天获得的知识丧失，工作和学习能力下降或丧失，甚至生活不能自理，并伴有精神和行为异常。

（四）自知力障碍

自知力是指患者对其自身精神病态的认识和批判能力。神经症患者通常能认识到自己的不适，主动叙述自己的病情，要求治疗，医学上称为自知力完整。精神障碍患者随着病情的进展，往往丧失了对精神病态的认识和批判能力，否认自己有精神障碍，甚至拒绝治疗，对此，医学上称为自知力完全丧失或无自知力。随着病情的好转、显著好转或痊愈，患者的自知力也逐渐恢复，由自知力部分恢复到完全恢复。由此可知，自知力是精神科用来判断患者是否有精神障碍、精神障碍的严重程度及治疗效果的重要指征之一。

（五）情绪障碍

情绪障碍分为以程度变化为主的情绪障碍及以性质改变为主的情绪障碍。

情绪障碍表现为情绪高涨、情绪低落、焦虑、恐怖等情绪异常。

以性质改变为主的情绪障碍主要表现为情绪迟钝、情绪淡漠、情绪倒错等。情绪倒错的患者的情绪反应与现实刺激的性质不相称。例如，遇到悲哀的事情却表现欢乐，遇到高兴的事情反而痛哭，或是患者的情绪反应与思维内容不协调。

三、学生常见心理障碍

（一）焦虑症

焦虑症是一种常见的神经症，是由于预期即将面临不良处境而产生的紧张、焦急、忧虑、担心和恐惧等复杂的情绪反应。一定程度的焦虑能使人在危险的处境中保持适当的警觉。不同的人对外界事物的反应不同，如有的学生喜欢在大众面前演讲，而有的学生则非常畏惧。当一个人在不该产生焦虑的时候出现焦虑，并且焦虑很严重，持续时间很长，影响到日常生活，这种焦虑就是一种疾病了。

（二）抑郁症

抑郁症是由各种原因引起的以抑郁为主要症状的一组心境障碍或情感性障碍，是一组以抑郁心境自我体验为中心的临床症状群或状态，是以抑郁性情感为突出表现，同时又带有神经性症状的心理疾病。抑郁症的表现为情绪低落、兴趣减退、思维迟缓、对前途悲观失望、自我感觉差、不爱运动等症状，但没有达到绝望程度，虽有放弃生命的想法，但一般不会付诸行动，生活也能够自理；患者知道自己有病，有主动求治的愿望，而且病程一般都较长。

（三）强迫症

强迫症是指患者在主观上感到某些不可抗拒和被迫无奈的观念、情绪、意向或行为存在。患有强迫症的人，明知某种行为或观念不合理，但却无法摆脱，因而非常痛苦。这种症状大多是由强烈而持久的精神因素及情绪体验诱发而来的，与患者以往的生活经历、精神创伤或幼年时期的遭遇有一定的联系。学生患强迫症多与其性格缺陷有关，如缺乏自信、遇事过分谨慎、墨守成规、怕出现不幸、活动能力差、主动性不足等。

（四）恐惧症

恐惧症是指对某一特定的物体、活动或处境产生持续的、不必要的恐惧，而不得不采取回避行为的一种神经症。

正常人对真实的威胁会产生恐惧，但是患恐惧症的人常常会对一些常人看来并不恐惧的物体、活动产生强烈的恐惧感，即使认识到这种恐惧是过分的和不必要的，却无法克制，其恐惧程度和引发恐惧的情境是不相称的。

恐惧症通常分为三种类型：广场恐惧症，即恐惧对象主要是某些特定环境，如广场、高处、拥挤的场所、电梯等；社交恐惧症，表现为对需要讲话或被人观看的情境产生强烈的焦虑反应，并有回避行为；物体恐惧症，即恐惧对象主要是某些特定的物体或情境，如害怕接近特定的动物，害怕黑暗的环境等。

（五）妄想症

狂妄和自大是对自己的品质和才能给予过高的估价而产生的一种虚狂的心理状态。它的具体表现：自以为是，任性逞能，头脑发热，忘乎所以，目中无人；自我评价过高，事事以"我"为中心，好极度表现自己；常常无休止地陈述自己的见解，听不进别人的意见，即使在事实非常明显的情况下，也要强词夺理或推诿于客观原因等。造成这种性格现象的原因是多方面的，一是家庭溺爱、娇惯，导致部分学生长期习惯于支配别人、命令别人，而不懂得与别人合作；二是个人天分较高，学习成绩突出，在同学中有一种"众星捧月"的感觉；三是青年人具有较强的自尊心和好胜心，有时固执己见、争强好胜。由于这类学生在心理上过分自信，总认为自己的本领高人一等，自己的见解优于别人，因而严重影响他们的发展进步，阻碍他们接受新的事物。

（六）精神分裂症

精神分裂症是以基本人格改变，思维、情感、行为互相分裂，精神活动和周围环境不协调为主要特征的一类功能性精神病，是一种常见的精神病，发病率居精神病首位。主要表现是精神活动"分裂"，即患者的行为与现实分离，思维过程与情感过程分离，行为、情感、思维具有非现实性，不能协调，难以理解。精神分裂症的具体表现为以下几个方面。

（1）情感：患者对现实的兴趣减小，甚至对切身之事也漠不关心，对某些无关紧要的事反倒特别关心，情绪反复无常，无论喜怒都与现实环境不相称，如生气时大笑等。

（2）思维：思维破裂，思维活动无逻辑性，经常想入非非，不着边际，语言散漫凌乱，对问题的见解轻重倒置，易接受消极的暗示。

（3）行为：出现动作障碍；越来越不合群，尤其倾向于躲避同龄人，常与老人、小孩为伍。

精神分裂症发病者多为青壮年，其病因和发病机理尚不清楚，通常认为与人体的特征、遗传、母体内的损伤、年龄、素质、环境等因素有关。患者发病前的性格常常表现为敏感、多疑、幻想、消极、胆小等。家庭出现危机、恋爱失败、学习成绩下降等刺激因素也成为发病的诱因。精神分裂症患者需到精神专科医院进行专门的治疗，一般以药物治疗为主，辅以心理治疗。

1. 重度抑郁症

重度抑郁症是一种较严重的心理障碍，主要表现为悲伤、绝望、孤独、自卑、自责等，把外界的一切都看成"灰色"的。有的学生对枯燥的专业学习不感兴趣，对刻板的生活方式感到厌烦，因自己学习或社交的不成功而灰心丧气，陷入抑郁悲观状态。长期的抑郁状态会导致思维迟钝、失眠、体力衰退等，对身体危害很大。

重度抑郁症患者由于情绪低落、悲观厌世，严重时很容易产生自杀的念头，且由于患者思维逻辑基本正常，实施自杀的成功率也较高。自杀是抑郁症最危险的症状之一。据研究，抑郁症患者的自杀率比一般人群高 20 倍。社会自杀人群中可能有一半以

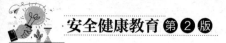

上是抑郁症患者。有些不明原因的自杀者可能生前已患有严重的抑郁症，只不过未被及时发现。

如果学生出现以上部分症状，那么要对其给予高度关注，送到精神专科医院进行诊断。学生如果确诊为重度抑郁症，就需要休学并进行专业的治疗。

2. 偏执性精神病

偏执性精神病是精神病常见的类型，又称妄想症精神病。患者易产生持久的妄想，妄想的内容多为迫害、嫉妒等，无其他异常，人格完整。

偏执性精神病症状以妄想为主，关系妄想和被害妄想较多见，另外有夸大妄想、自罪、物理效应、钟情妄想和嫉妒妄想等。妄想可单独存在，也可伴有以幻听为主的幻觉。情感障碍表面上不明显，智力通常不受影响。患者的注意力和意志力往往增强，尤以有被害妄想者为甚，警惕、多疑且敏感。在幻觉妄想的影响下，患者开始保持沉默，以冷静眼光观察周围动静，以后疑惑心情逐渐加重，发生积极的反抗，如反复向有关单位控诉或请求保护，严重时甚至发生伤人或自杀行为。因而此类患者容易引起社会治安问题。病程经过缓慢，发病数年后，在相当长时期内工作能力尚能保持，人格变化轻微。早期不易被发现，以致诊断困难。

思考与探究

1. 心理障碍的具体含义是什么？
2. 常见的心理障碍分为哪几种？
3. 学生常见的心理障碍有哪些？

模块三　学生心理危机预防与干预

学习目标

1. 理解心理危机与心理危机干预的内涵。
2. 理解如何进行心理危机的干预。
3. 针对学生自杀倾向进行心理干预。

在人生的旅途中，你是否感到你的人生充满了精彩，但同时也充满了危险？你知道如何拨开人生抑郁的阴霾吗？你准备怎样创造人生的幸福？如何预防心理危机？如何抵御人生的不幸？本模块将引领大家建立一个心理安全的世界，让大家的生命更加多姿多彩！

一、心理危机概述

（一）心理危机与心理危机干预

1. 心理危机

心理危机是指人在面临自然、社会或个人的重大事件时，由于无法通过自己的力量控制和正确调节自己的感知与体验所出现的情绪与行为的严重失调状态。

这种严重的心理失衡状态导致学生的冲突性行为，常表现为轻生自杀、肢体自伤、暴力攻击、离家出走，以及吸毒、酗酒、性行为错乱等。

2. 心理危机干预

心理危机干预又称"危机介入""危机调解"，是指针对处于心理危机状态的个人给予恰当的心理援助，帮助其处理迫在眉睫的问题，使之尽快摆脱困难、恢复心理平衡、安全度过危机。

（二）心理危机的反应与表现

1. 心理危机发生时通常的反应

当危机发生时，人通常会在认知、生理、情感、行为和人际关系方面，表现出焦虑、震惊、担忧、沮丧等反应。

情感反应：悲伤、无助；害怕、畏惧；麻木；愤怒。

生理反应：失眠、食欲不振；头痛、眩晕，心跳加快。

认知反应：认为做什么都是徒然的；没有办法解决问题；否定事件；迁怒于他人。

行为表现：整日无精打采；坐立不安，不停地吸烟、饮酒；眼神呆滞，听觉迟钝，精力无法集中，无法上课；恐吓他人；做出自伤行为。

人际关系：不愿与人交谈或见面；交谈时无法集中注意力，与朋友见面减少；人际关系恶劣，孤立自己，不能与人建立信任的关系。

2. 易产生心理危机的学生

（1）遭遇突发事件而出现心理或行为异常的学生，如家庭发生重大变故、受到突发的自然或社会意外刺激的学生。

（2）患有严重心理疾病的学生，如患有抑郁症、恐惧症、强迫症、癔症、焦虑症、精神分裂症、情感性精神病等疾病的学生。

（3）身体患有严重疾病、治疗周期长、自身感到痛苦的学生。

（4）有自杀未遂史或家族中有自杀者的学生。

（5）因学习压力过大、学习成绩差而出现心理、行为异常的学生。

（6）人际关系失调后出现心理或行为异常的学生。

（7）个人情感受挫后出现心理或行为异常的学生。

（8）性格过于内向、孤僻，缺乏社会支持的学生。

（9）家庭经济困难、无助导致自卑的学生。

（10）通过心理健康测验筛查出的、需要关注的学生。

二、心理危机的干预

（一）学校心理危机干预系统

1. 建立发现体系

（1）建立普查制度。选择科学有效的心理测评工具，开展心理素质普查，建立心理档案并进行有针对性的干预和跟踪控制。

（2）建立排查制度。每学期对重点学生进行排查，了解个别学生的学习、生活、情绪、行为等情况。

（3）访谈制度的跟进。访谈包括间接访谈和直接访谈。教师要经常直接走访那些因学习、生活、情感等原因引起情绪波动大、行为反常的学生，深入学生宿舍，了解学生真实生活状态。教师要主动与有心理危机的学生预约并进行交谈。学校要建立快速反应制度，对有危机或潜在危机的学生做到及时发现和有效干预。学校和家长要建立密切的联系，及时掌握和发现学生的心理状态和目前承受压力的状况。

2. 建立完善的监控体系

主动收集和掌握陷入心理危机学生的变化信息，做好监控防范工作。设立专门心理负责人关注敏感人群的心理变化。对心理普查中可能存在严重心理困扰的学生进行心理访谈、评估鉴别、咨询和跟踪。

3. 建立完善的干预体系

危机干预的时间一般在危机发生后的数个小时、数天或数星期，干预的最佳时间一般是事件发生的 24～72 小时。

危机干预措施的紧急启动。一旦发现有自杀倾向或企图实施自杀行为的学生，应立即启动危机干预措施，对其实行 24 小时有效监护，确保学生的生命安全。同时，立即通知学生家长到校或由学生家长委托的人员到校，共同采取监护措施。对自杀未遂的学生，应立即由老师陪同送到专业精神卫生机构进行救治和安抚。

4. 建立转介体系

在学校的统一领导下，建立学校、心理咨询中心、医院、校外专业精神卫生机构的联络和协作关系。

及时识别诊断与转介。若发现学生已患有严重的心理障碍疾病，经心理咨询中心初步诊断，发现不适宜咨询而需要心理治疗或住院治疗者，则应及时转介到校医院，由校医院做进一步诊断或决定转到校外专业精神卫生医院，采取有效的干预与治疗措施。

5. 建立危机事件善后处理体系

善后处理有利于当事人及其周围人员的情绪稳定，有利于危机事件的修复和处理。

（二）学生自杀的心理危机干预

1. 自杀者的特点

认知方面：自杀者一般易走极端，看不到解决问题的其他途径，在挫折和困难面前不能对自身和周围环境做出客观评价；对困难不能正确地估计，对人、对事、对己、对社会均倾向于从阴暗面看问题，心存偏见和敌意，从思想和感情上把自己与社会隔离开来。

情绪方面：自杀者大多性格内向、孤僻，以自我为中心，难以与他人建立正常的人际关系。当缺乏家庭的温暖和爱护，缺乏朋友、师长的支持与鼓励时，常常感到无助，最后变得越来越孤僻，进入自我封闭的小圈子，失去自我价值感。

行为方面：青少年的自杀意念常常在很短的时间内形成，因情绪激动而导致冲动行为，一想到死马上就采取行动。他们对自己面临的危机缺乏冷静的分析和理智的思考，往往认定没办法了，只有死路一条，思考变得极其狭隘。

死亡概念模糊：企图自杀的青少年对死亡的概念比较模糊，部分人甚至认为死是可逆的、暂时的。因此对自杀的后果没有充分估计。

2. 自杀前的征兆

言语上的征兆。例如，直接向人说"我想死""我不想活了"；或者间接向人说"我所有的问题马上就要结束了""现在没有人可以帮助我""没有我，他们会过得更好""我再也受不了了""我的生活毫无意义"等表达厌世的话；或者和别人谈论与自杀有关的事或开自杀方面的玩笑及谈论自杀计划（包括自杀方法、日期和地点）等。有的人会流露出无助、绝望的心情，或突然与亲朋告别。

3. 易引发学生自杀的事件

家庭发生变故；与朋友、同学绝交；自己敬爱的人或对自己有重要意义的人死亡；恋爱关系破裂；与他人产生纷争；发生违法事故；受到同伴排斥、孤立；受人欺负或迫害；学习成绩不理想或考试不及格；在考试期间受到过多压力；就业问题；堕胎引发的问题；患艾滋病或其他传播性疾病；患重病无法治愈；受到自然灾害的伤害。

4. 如何帮助有自杀倾向的人

据"关爱生命万里行"活动小组《预防自杀手册》资料显示：帮助有心理危机或自杀倾向者需注意以下十六项要点。

（1）事先应知道他们可能会拒绝你要提供的帮助。有心理危机的人有时会对他们无法处理自己的问题加以否认。不要认为他们的拒绝是针对你本人。

（2）向他们表达你的关心。询问他们目前面临的困难及困难给他们带来的影响。鼓励他们向你或其他值得信任的人谈心。

（3）多倾听，少说话。给他们一定的时间说出内心的感受和担忧。不要给出劝告，也不要感到有责任找出一些解决办法。

（4）要有耐心。不要因他们不能很容易与你交谈就轻言放弃。允许谈话中出现沉默，有时重要的信息在沉默之后出现。

（5）不要担心他们会出现强烈的情感反应。情感暴发或哭泣会利于他们的情感得到释放。要保持冷静。要接纳，不做评判，也不要试图说服他们改变自己内心的感受。

（6）对他们说实话。如果他们的话或行为吓着你了，直接告诉他们。如果你感到担忧或不知道该做些什么，也直接向他们说。不要假装没事或假装愉快。

（7）询问他们是否有自杀的想法。不要害怕询问他们是否考虑自杀，这样不会使他们自杀，反而会挽救他们的生命。"你是否有过很痛苦的时候，以致令你有想结束自己生命的想法？""有时候一个人经历非常困难的事情时，会有结束生命的想法。你有那种感觉吗？""从你的谈话中我有一种疑惑，不知道你是否有自杀的想法。"不要这样问："你没有自杀的想法，是吧？"

（8）相信他们所说的话。任何自杀迹象均应认真对待，不论他们用什么方式流露。

（9）不要答应对他们的自杀想法给予保密。

（10）如果他们有自杀的风险，那么要尽量取得他人的帮助以便与你共同承担帮助他们的责任。

（11）让他们相信别人是可以给予他们帮助的，并鼓励他们寻求他人的帮助和支持。如果你认为他们需要精神科专业的帮助，那么就可以向他们提供转介信息。

（12）如果他们对寻求精神科恐惧或担忧，那么应花时间倾听他们的担心，告诉他们大多数处于这种情况的人都需要专业帮助，解释你建议他们见专业人员不是因为你对他们的事情不关心。

（13）如果你认为他即刻自杀的危险性很高，那么要立即采取措施：不要让他独处；去除自杀的危险物品，或将他转移至安全的地方；陪他去精神或心理卫生机构寻求专业人员的帮助。

（14）若自杀行为已经发生，则立即将其送往就近的急诊室。

（15）给予希望。让他们知道面临的困境能够有所改变。

（16）在结束谈话时，要鼓励他们再次与你讨论相关的问题，并且要让他们知道你愿意继续帮助他们。

📖 思考与探究

1. 什么是心理危机及心理危机干预？
2. 如何建立心理危机干预系统？
3. 如何帮助有自杀倾向的人？

第四单元

学生校园日常安全

模块一　校园教学安全

学习目标

1. 掌握发生踩踏事故时自我保护的注意事项。
2. 学会如何避免教室意外事故。
3. 掌握如何保证实验室安全。
4. 理解计算机机房内的安全。

一、踩踏事故

（一）容易发生踩踏危险的情况及场所

学校教学楼是人群密集的地方，遇到突发事件容易导致踩踏事故。为了防止踩踏事故，在上下楼梯和在楼道通行时，不要拥挤，要靠右行走、礼让慢行，不要追逐打闹，不要开容易造成伤害的玩笑。

大型文化体育活动场所、商场、狭窄的街道、室内通道或楼梯、影院、酒吧、夜总会、超载公共客车、航行的轮船上等都隐藏着踩踏危险。学校中的拥挤踩踏事故容易导致群死群伤。教学楼的上下楼梯转角处是最危险的地点。学校踩踏事故多发生在下晚自习、下课、上操、就餐和集会时，学生集中上下楼梯，且心情急切。如果又遇到楼梯通道照明不足，晚上突然停电等情况，那么就容易造成恐慌和拥挤。

在学生集中上下楼梯时，要有老师组织和维持秩序；在学生上晚自习时要有老师值班，下课时要有人疏导；在学生搞恶作剧、推搡拥挤等混乱情况下要有老师制止，这些都能避免事故的发生。

（二）发生踩踏事件时的自我保护

在发生拥挤踩踏时，要保持情绪稳定，不要被别人感染，惊慌只会使情况更糟。心理镇静是个人逃生的前提，服从大局是集体逃生的关键。要发扬团队精神，要听从指挥人员的口令，因为组织纪律性在灾难面前非常重要。若有可能，则应及时拨打"110"或"120"，联系外援，寻求帮助。

如果已经被裹挟在拥挤、惊慌的人群中，那么切记应和大多数人的前进方向保持一致，不要试图超过别人，更不能逆行。在人群中，应双手抱胸，两肘朝外，以此来保护肺部和心脏不受挤压。

如果自己已经被推倒在地，失去平衡，那么要设法靠近墙壁，身体蜷成球状，面向墙壁，双手紧扣置于颈后，这样手指、背部和双腿可能受伤，但可以保护大脑、心脏等人体关键部位。

如果自己已经被人挤倒又无法站起来，如潮般的人群从身上经过，那么可以双手抱着后脑勺，双肘支地，胸部稍离地面，即使双肘被磨破，也不能改变动作。在踩踏中丧生的人，大部分是由于脑部和心脏受损。

二、教室意外事故

室内活动也要注意安全，做到"六防"。

一防磕碰。多数教室空间比较狭小，又有桌椅等用品，所以不要在教室中追逐、打闹、做剧烈的运动和游戏，以防磕碰受伤。

二防滑倒、摔伤。教室地板比较光滑，要防止滑倒受伤，需要登高打扫卫生、取放物品时，要请他人加以保护，注意防止摔伤。

三防坠落。擦楼房的窗户玻璃别逞能，不要将身体探出窗外，谨防坠楼。

四防挤压。教室的门、窗在开关时应小心，留意不要被夹到手或夹到别人的手。

五防火灾和触电。不要在教室里玩火、随意动插座和电教设备，更不能在教室里抽烟、燃放爆竹等。

六防工具意外伤害。锥、刀、剪刀等锋利、尖锐的工具，图钉、大头针等文具，用后应妥善保存，不能随意放在桌椅上，传递给同学时要把尖头朝向自己，防止有人受到意外伤害。

三、实验室安全

设置工科、农科及医药类专业的学校，除实训场地外，还有多种类型的实验室。

（一）实验室安全事故的主要类型

学校的众多实验室内，有的实验使用种类繁多的化学药品、易燃易爆物品和剧毒物品；有的实验要在高温、高压或者超低温、真空、强磁、辐射、高电压和高转速等特殊环境或条件下进行；有的实验会排放有毒物质。实验室安全事故主要表现为火灾、爆炸、毒害、机电伤人及设备损坏、盗窃等。此外，噪声、低辐射、微放射性、微毒等可能慢性影响人身健康，也应引起重视。

火灾事故的发生具有普遍性，几乎所有的实验室都可能发生。酿成这类事故的主要原因：忘记关电源，致使设备或用电器具通电时间过长，温度过高，引起火灾；操作不慎或使用不当，使火源接触易燃物质，引起火灾；供电线路老化、超负荷运行，导致线路发热，引起火灾；乱扔烟头、接触易燃物质，引起火灾。

爆炸性事故多发生在有易燃易爆物品和压力容器的实验室。酿成这类事故的主要原因：违反操作规程，引燃易燃物品，进而导致爆炸；设备老化，存在故障或缺陷，造成易燃易爆物品泄漏，遇火花而引起爆炸。

毒害性事故多发生在有化学药品和剧毒物质的实验室和有毒气排放的实验室。酿成这类事故的主要原因：违反操作规程，将食物带进有毒物质的实验室，造成误食中毒；设备设施老化，存在故障或缺陷，造成有毒物质泄漏或有毒气体排放不出，引发中毒；管理不善，造成有毒物品散落流失，引起环境污染；废水排放，管路受阻或失修改道，造成有毒废水未经处理而流出，引起环境污染。

机电伤人事故多发生在有高速旋转或冲击运动的机械实验室，或要带电作业的电气实验室和一些有高温产生的实验室。事故的主要原因：操作不当或缺少防护，造成挤压、甩脱和碰撞伤人；违反操作规程或因设备老化，造成漏电触电和电弧火花伤人；使用不当造成高温气体、液体对人的伤害。

设备损坏性事故多发生在用电加热的实验室。事故的主要原因：线路故障或雷击造成突然停电，致使被加热的介质不能按要求恢复原来的状态而造成设备损坏。

（二）学生在实验室的基本安全要求

第一，未经许可不得擅自进入实验室。

第二，实验前，必须认真复习有关理论知识，预习实验要求，认真领会操作规程和安全注意事项。

第三，实验时，严格按照要求，安全、合理摆放和使用各类化学试剂、仪器仪表、压缩气体钢瓶和高压容器等设备，严禁违章操作。废气、废物、废液按规定妥善处理，不得随意丢弃，污染环境。在实验过程中，不得随意走动、谈笑和打闹。

第四，实验后，按要求做好实验记录和实验室卫生保洁，认真检查并及时关闭电源、水源、气源和门窗。

四、计算机机房安全

计算机机房安全是学生必须了解的内容。为了加强计算机机房安全管理，维护计算机机房的正常秩序，保证师生良好的学习环境，在计算机机房必须做到以下基本要求。

第一，上机者必须遵守机房的各项管理规定，服从机房工作人员的管理和安排。学生应按上机课表准时上课，不得迟到或早退。整班上计算机课时，需要指导教师的指导，无指导教师不得进入机房。上机期间，禁止进行与课程无关的操作。

第二，没有机房工作人员或指导教师的允许，学生不得操作总闸开关，不准私自打开机箱和插拔各种连线，严禁私自搬移设备。不得随意修改计算机设置及参数，不准删除系统文件，要遵守安全操作程序，发现异常情况要及时汇报。

第三，禁止私自带移动存储设备进入机房。若需使用 U 盘，则须事先交机房工作人员检查后方可操作。禁止在计算机机房观看、复制、传播反动、迷信及不健康内容。

第四，在上机的同时，要保管好私人物品，不得随意走动、说笑，保持机房安静。保持机房清洁卫生，严禁在机房内抽烟、吃零食、乱扔废弃物等。

第五，离开计算机机房时，要安全关闭计算机，确保下机后电源断开、门窗关严锁好。

此外，计算机工作时会产生辐射、静电和较高温度，若不加强防护，则会损害健康。计算机静电辐射对人体的伤害是隐形的、累积的，因此学校除对计算机机房进行静电辐射检测、加强安全防护措施外，学生操作计算机的时间也不宜过长，同时还要注意计算机机房的空气流通。

思考与探究

1. 发生意外踩踏事故时如何自救？
2. 如何预防教室意外事故？
3. 学生在实验室有哪些基本的安全要求？
4. 计算机机房内应该注意哪些事项？

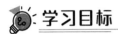

模块二　校园公共卫生安全

学习目标

1. 学习预防食物中毒的知识。
2. 学习预防传染病的知识。
3. 了解常见的传染病及其预防。

一、预防食物中毒

1. 食物中毒的含义

食物中毒是指吃入食物中的有毒物质引起身体的不良反应。有单发的也有群体的，轻者影响身体健康，重者甚至会危及生命。食物中毒包括细菌性食物中毒（如大肠杆菌食物中毒）、化学性食物中毒（如农药中毒）、植物性食物中毒（如木薯、扁豆中毒）、真菌性食物中毒（如毒蘑菇中毒）等。

食物中毒来势凶猛，时间集中，无传染性，夏、秋季多发。群体食物中毒的表现：在短时间内，吃过某种食物的人单个或同时发病，以恶心、呕吐、腹痛、腹泻为主，往往伴有发热症状。吐泻严重的，还可能发生脱水、酸中毒，甚至休克、昏迷等症状。

2. 如何预防食物中毒

学生不仅要积极支持学校食堂的卫生工作，还要养成良好的个人饮食卫生习惯。例如，饭前、便后要洗手，认真用肥皂洗净，减少"病从口入"的可能。餐具要卫生，每人要有自己的专用餐具，饭后将餐具洗干净存放在干净的塑料袋内或纱布袋内。

在食堂买饭菜不要过量，现吃现买，不要剩着下顿吃，隔夜变味的饭菜会让人食物中毒。食用在常温下已存放 4～5 小时的食物极不安全，这是因为烹调好的食品冷却至室温时，微生物就开始繁殖，放置的时间越长，危险性就越大，微生物繁殖到一定的数量或繁殖过程中产生毒素可致进食者中毒，所以趁热进食，刚煮好的食品可

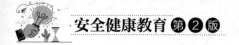

缩短微生物的繁殖时间。

在外就餐时，不到无证经营、卫生条件差的饮食摊点上吃喝，要去卫生条件好、管理严格的饭馆；就餐时如有异味要马上停止食用；自己加工食物，如豆类、蔬菜等要煮熟，要注意分开生、熟食品，切过生食的刀和案板没洗净一定不能再切熟食，摸过生肉的手一定要洗净再去拿熟肉，避免生、熟食品交叉污染；不随便吃野菜、野果，其中有的含有对人体有害的毒素，缺乏经验的人很难辨别清楚。

有些学生爱吃零食，要注意不购买街头小摊贩出售的劣质食品、饮料，不购买无品名、无厂家、无生产日期的食品，不吃过期、变质的食品。此外，要抵御"好看"零食的诱惑，因为制作"好看"的食品往往使用了过多的人工合成色素、香精、防腐剂等食品添加剂，这些东西食用过量会使人患病。把食品储藏于密闭容器中，避免苍蝇、蟑螂和其他动物把致病的微生物带到食物上。

夏天用药物灭蚊蝇时，要先将食品盖好、放好，以免被药物污染。敌敌畏杀虫剂和灭鼠药等不能放在一起。妥善使用、保管含有有毒物质的物品（如温度计、体温计等），防止损坏导致毒物外泄。服用药品时一定要遵照医嘱服用，千万注意不要超剂量服用，以免造成药物中毒。几种药物同时服用要遵医嘱，以免产生副作用。

3. 食物中毒如何自救

一旦吃东西后胃里有不舒服的感觉，应马上用手指或筷子等帮助催吐，并及时向急救中心（120）呼救，去医院进行洗胃、导泻、灌肠。越早去医院越有利于抢救，如果超过两个小时，毒物被吸收到血液里就比较危险了。

要注意保存导致中毒的食物，提供给医院检疫，如果身边没有食物样本，那么也可保留患者的呕吐物和排泄物，确定中毒物质对治疗来说是非常重要的。

二、预防传染病

传染病影响众多人的健康，有的传染病暴发性强、病死率高，在集体生活中容易突然大面积流行，对人的生存有很大威胁。

（一）传染病

人会生病，但许多病不传染，如骨折、白内障、糖尿病、冠心病、骨质疏松等。能相互传染的病也不少，如常见的感冒、"脚气"，常听说的甲肝、血吸虫病、流脑，死亡率高的霍乱、鼠疫、狂犬病、禽流感等。

传染病有以下五个基本特征：一是有病原体，每一种传染病都有它特异的病原体，包括微生物（如细菌、真菌、衣原体、支原体、立克次体、螺旋体等）和寄生虫（如原虫、蠕虫等）；二是有传染性，传染病的病原体可以从宿主排出体外，经过一定的途径传染给另一个人；三是感染后有免疫，大多数患者在疾病痊愈后，对同一种传染病病原体产生不感受性，有的传染病患者一次患病后可终身免疫，有的还有可能再次感染；四是有流行病学特征，传染病能在人群中流行，按传染病流行病过程的强度和广度分为散发、流行、大流行、暴发；五是可以预防，通过控制传染源，切断传染途径，增强人群的抵抗力等措施，可以有效地预防传染病的发生和流行。

（二）几种传染病及其预防

1. 非典型病原体肺炎

非典型病原体肺炎是一种传染性极强的呼吸道疾病，其病原体是变异冠状病毒。世界卫生组织将其称为"严重急性呼吸系统综合征（SARS）"。

患者起病急，以发热为首发症状，体温一般高于 38℃，偶有畏寒；可伴有头痛、关节酸痛、肌肉酸痛、乏力、轻微腹泻；伴有咳嗽（多为干咳、少痰）、胸闷等症状，严重者出现呼吸加速、气促或明显呼吸窘迫等症状。

非典型病原体肺炎的传播途径主要有三条：通过近距离飞沫传播，接触沾染患者呼吸道分泌物的物品、用具等；经口、鼻传播；直接接触患者造成传播。

预防非典型病原体肺炎的措施主要有四方面：一是保持良好的个人卫生习惯，勤洗手，不要共用毛巾、牙刷等用品；二是室内经常通风换气，保持卫生和工作环境的空气流通；搞好环境卫生，勤晒衣物和被褥等；三是经常到户外活动，呼吸新鲜空气，增强体质；四是与呼吸道传染病患者接触时，应该戴口罩。

2. 霍乱

霍乱是一种典型的"粪-口"传播性传染病。霍乱患者的粪便中有霍乱弧菌，粪便可污染水源和食物。人喝了被污染的水或吃了被污染的食物，1～2 天（最快的几个小时）后便会发病。霍乱患者表现为腹泻和呕吐，继而出现脱水及电解质紊乱，严重者会危及生命。

腹泻及呕吐：霍乱发病多从急剧腹泻开始。多数腹泻不伴有腹痛，这与一般的肠胃炎有很大的不同；另外，霍乱患者不发热，这与患菌痢也有很大不同。霍乱患者的排便次数通常不是很多，但排泄量大。开始时大便为稀便，继而呈淘米水样或无色透明水样，无明显的粪臭味。呕吐一般在严重腹泻后出现，常无明显的恶心感。

脱水及电解质紊乱：频繁地腹泻、呕吐之后，患者可有不同程度的脱水表现。起初患者只感到口渴，眼窝稍凹陷，口唇稍干；儿科有声音嘶哑、口唇干燥、皮肤皱缩、指纹皱瘪（故霍乱又称"瘪螺痧"）、尿量减少、体温下降、脉搏变弱变快、血压下降等症状，如不及时抢救，往往危及生命。

把住"病从口入"这一关，霍乱是完全可以预防的。即注意饮食卫生，不喝生水，食物要煮熟或洗净，不吃生或半生的水产品；养成良好的个人卫生习惯，饭前、便后要洗手。此外，出现疑似霍乱的症状时，要及早就医。

3. 菌痢

细菌性痢疾简称菌痢，是由痢疾杆菌引起的以腹泻为主要症状的肠道传染病。主要临床表现为腹痛、腹泻、里急后重、脓血样大便，伴有发热，以结肠化脓性炎症为主要表现。中毒性急性发作时，可出现高热病感染性休克症状，有时出现脑水肿和呼吸衰竭。该病呈常年散发，夏季多见，是我国的多发病之一。病后仅有短暂和不稳定的免疫力，人类对此病普遍易感，不但容易暴发流行，而且患者会重复感染或再感染，反复多次发病。菌痢能引起痢疾杆菌败血症、溶血性尿毒综合征等并发症。

潜伏期为数小时至 7 天，起病较急，患者畏寒发热，体温可达 38～40℃。该病每年夏季发病率最高。如果治疗不彻底，病程两个月以上不痊愈者就有可能转为慢性。慢性菌痢的主要表现为腹泻、大便次数多、明显的黏液便和少量脓血，但全身重度症状不明显，时有腹痛、腹胀等症状。菌痢的病后带菌者较多，恢复期带菌率 20%左右，慢性菌痢患者的排菌时间可达 9 年之久。

预防菌痢的传播，主要是养成良好的个人卫生习惯，饭前、便后洗手，不吃不洁食物，加强环境卫生，消灭苍蝇，保护食品、水源免受污染。

4. 肝炎

肝炎就是肝脏发炎。肝炎有很多种，如酒精性肝炎、药物性肝炎、自身免疫反应性肝炎、病毒性肝炎等，其中自身免疫反应性肝炎不是传染病，而病毒性肝炎是传染病，由病毒引起，具有传染性较强、传播途径复杂、流行面广泛、发病率较高等特点。根据引起肝炎的病毒种类，可分为甲型、乙型、丙型、丁型和戊型肝炎。甲型、戊型肝炎主要通过消化道感染，乙型、丙型、丁型肝炎则主要通过血液等其他途径传染。每一类型肝炎的传播途径有不同的特点，预防措施也是针对各种传播途径的特点来制定的。

甲型和戊型肝炎主要通过饮食传染，即"粪-口"途径传播。患者从粪便排出病毒，污染水源、食物、手及其他物品，再通过"粪-口"途径传染给他人。这两种肝炎的预防主要是通过加强环境卫生、食品卫生和个人卫生，把住病从口入关。

乙型、丙型、丁型肝炎的病毒，不存在粪便中，因此不能通过"粪-口"途径或"粪便-水源"传播，主要通过血液或人的分泌物传播。因此除了医院要加强医疗器械及用品、血液及血制品的管理，作为学生要做到不找街头庸医看病，更不能贪便宜让街头庸医打针、拔牙。

5. 艾滋病

艾滋病被称为"当代瘟疫"和"超级瘟疫"，已引起世界卫生组织（WHO）及各国政府的高度重视，我国已将其列入乙类法定传染病，并为国际卫生监测传染病之一。

艾滋病病毒的传染途径有四种：静脉吸毒者共用被感染的注射器；与感染者的性接触；接受被感染者的血液或血制品；妊娠围生期母婴之间的垂直传播。导致艾滋病在我国快速传播的元凶是吸毒。毒品吞噬着人民的身心健康，消耗着国家的巨额财富，给个人、家庭和社会造成极大的危害，特别是当前越来越多的吸毒者采用静脉注射方式滥用毒品，导致艾滋病病毒感染者比例迅速上升。可以说艾滋病与吸毒就是一对"罪恶的孪生子"。

6. 破伤风

破伤风是破伤风梭菌自伤口侵入人体后所引起的疾病。年轻人活泼好动，无论是在职业活动中还是在日常生活中，都容易受外伤，是破伤风的易感人群。破伤风梭菌主要存在于泥土、人和动物的粪便里，是一种厌氧菌，只有在缺氧的环境中才能繁殖。

感染者一般在伤后 6～10 天发病，也有伤后 24 小时或是数周后才发病的。发病时间越短，症状越严重，患者的危险也就越大。初期先有乏力、头晕、头痛、烦躁不安、打哈欠等症状。接着可出现强烈的肌肉收缩，先是从面部肌肉开始，张口困难、牙关紧闭；表情肌肉痉挛，头后仰出现所谓的"角弓反张"；若发生喉痉挛，可造成呼吸停止，使患者窒息死亡，病死率为20%～40%。

破伤风一旦发作，想治好比较困难，但其预防效果极佳。在小时候注射三联疫苗预防针（俗称百白破，即白喉、百日咳、破伤风），是预防破伤风的最有效方法。学生若出现较深伤口，或伤口被泥土、铁锈等污染物污染，则一定立即到医院注射破伤风抗毒素血清。这是创伤发生后、尚未出现破伤风症状时预防破伤风的有效手段。

7. 癣

好多人有"脚气"，"脚气"是一种癣，是由致病真菌引起的皮肤传染病。癣症多半容易出现在人体多汗潮湿的部位，被感染的皮肤会软化发白，出现裂痕或红疹，有的会出现小水疱，同时伴有瘙痒、灼痛或叮刺的感觉，或者散发出一种臭味。真菌喜欢在潮湿物品的表面寄居，因此如果直接接触公共浴室或衣帽间的地板则有可能直接感染真菌。饲养的宠物和家畜也可能成为真菌传染的病原体，这些患病动物会出现脱毛的症状。浴室、更衣室、游泳池周边或者温泉周边等场所，真菌都能顽强存活。

人们的工作环境、生活习惯也是造成易被癣症感染的原因。例如，经常穿尼龙或化纤制的袜子、裤子，和宠物过于亲近，长时间穿塑料或橡胶鞋（由于职业需要穿橡胶鞋，因此电工的脚癣患病率高达80%）。夏季炎热，气温较高，局部出汗，真菌活跃，并发细菌感染机会多，并发症的可能性也较大。常见的并发症有丹毒（俗称"流火"，为皮下软组织急性炎症）、淋巴管炎、蜂窝织炎、癣菌炎（有手足癣等真菌内毒引起的全身反应）。

预防癣症最好的办法是讲究个人卫生，勤洗澡、洗头、洗脚，勤换衣袜，不穿别人的鞋和衣服。

（三）讲卫生是预防传染病的最佳措施

绝大多数传染病是由于不讲卫生而感染的。在日常生活中，至少应做到"四勤""四自""四不"。"四勤"就是要勤洗头、勤理发、勤洗澡、勤换衣；"四自"就是自己应该固定有一套毛巾、牙刷、手绢和茶杯；"四不"就是不随地吐痰、不对别人咳嗽、不抠鼻揉眼、不乱扔垃圾。

1. 一口痰到底有多脏

痰是呼吸道的垃圾，由呼吸道分泌的黏液，吸进肺里的灰尘、烟尘、细菌、病毒、真菌、呼吸道及肺组织的脱落细胞和坏死组织、血球、脓性物等组成。

在所有人体的分泌物中，痰所传播的疾病最多。痰中含有几百种细菌、病毒和真菌。有89种鼻病毒，几乎全部生活在呼吸道内。结核病90%以上由呼吸道传播。

此外，还要注意咳嗽、打喷嚏时要讲文明。流感、非典型肺炎、流脑、麻疹、风疹、腮腺炎、水痘和肺结核等是常见的靠空气飞沫传播的疾病。因此，咳嗽、打喷嚏时要用手帕（手纸）掩住口鼻，并及时洗手。

随地吐痰是不文明和不道德的行为。随地吐痰破坏公共卫生，散布传染病的病原体，危害他人健康。喉咙痒的时候应该想想，你的一口"小不忍"，是对多少人的"大不敬"。

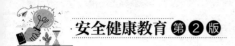

2. 洗手为什么重要

人的双手在职业活动和日常生活中与各种各样的东西接触，不但会沾染灰尘、污物，有时还会沾染有害有毒的物质，更会沾染微生物、细菌、病毒。一般来说，人的一只手上黏附大约40万个细菌，如果手洗不干净，那么后果不堪设想。

要做到勤洗手。饭前饭后、便前便后、吃药之前要洗手；接触过血液、泪液、鼻涕、痰液和唾液之后，做完扫除工作后要洗手；接触钱币之后要洗手；室外活动、户外活动、劳动作业、购物之后要洗手；在接触过传染病患者或患者的用品之后，更要反复洗手。

要做到会洗手。洗手分六步：掌心相对，手指并拢相互摩擦；手心对手背沿指缝相互摩擦，交换进行；掌心相对，双手交叉沿指缝相互摩擦；一手握另一手拇指旋转搓擦，交换进行；弯曲各手指关节，在另一手掌心旋转搓擦，交换进行；搓洗手腕，交换进行。

3. 室内空气要常换

学生长期在教室、宿舍内生活，要注意防止室内空气污染。许多人有这样的体验：在门窗紧闭的室内待上一夜或几个小时会感到头昏脑胀，精神萎靡不振。如果经过一夜的睡眠，早上起来立即打开门窗，就会感到很舒服。睡眠状态下，一个人一晚上会呼出大量二氧化碳，门窗紧闭，房间里的氧气浓度会逐渐降低，容易造成大脑缺氧，严重影响我们的身体发育。实验表明，室内每换气一次，可除去室内空气中原有有害气体的60%。让外面的新鲜空气充分和室内的浑浊空气进行交换，一般情况下，打开门窗30分钟后，60立方米的房间内空气就可以得到更新。

即使天气比较冷，也应注意教室、宿舍通风。每天开窗通风的次数以早、中、晚三次各通20分钟为宜。在呼吸道传染病流行期间，一般要求2~3小时通风一次，每次时间为30分钟。

📖 思考与探究

1. 学生如何预防食物中毒？
2. 学生如何预防传染病？

•••• 模块三　体育娱乐活动安全

💡 学习目标

1. 学习常见体育活动的安全要求。
2. 学习体育运动安全事故的预防办法。
3. 了解学习常见运动损伤的处理。

一、体育运动常见安全问题

（一）体育课安全

1. 体育课安全的基本要求

上体育课时，一定要注意领会老师讲解的动作技术要求、保护方法和预防意外事故的注意事项。要认真做好准备和整理活动，避免肌肉、韧带拉伤；要穿宽松服装和运动鞋，不佩戴金属徽章、项链、别针、小刀、钥匙和其他尖利、硬质物品，不穿高跟鞋、皮鞋，头上不戴各种发卡；戴眼镜的同学，做动作时一定要小心谨慎；要严格遵守纪律，不打闹，不超出教师规定的运动场地，不攀爬篮球架等设施。

2. 主要体育活动的安全要领

（1）短跑。短跑等项目要按照规定的跑道进行，不能串跑道。这不仅是竞赛的要求，也是安全的保障。特别是快到终点冲刺时，更要遵守规则，因为这时人身体产生的冲击力很大，精力又集中在竞技上，思想上毫无戒备，一旦相互绊倒，就可能严重受伤。

（2）跳远。跳远时，必须严格按照老师的指导助跑、起跳。起跳时前脚要踏中木质的起跳板，起跳后要落入沙坑之中。这不仅是跳远项目的技术要领，也是保护身体安全的必要措施。

（3）投掷。在进行投掷训练时，如投铅球、铁饼、标枪等，一定要按老师的口令行动，令行禁止，不能有丝毫的马虎。这些体育器材有的坚硬沉重，有的前端有尖利的金属头，如果擅自行事，那么就有可能击中他人或砸伤自己，造成伤害，甚至产生生命危险。

（4）单、双杠和跳高。在进行单、双杠和跳高训练时，器材下面必须要有符合厚度要求的垫子。若直接跳到坚硬的地面上，则会伤及腿部关节和后脑。做单、双杠运动时，要采取各种有效保护的方法，避免从杠上摔下来，造成身体受伤。

（5）跳马、跳箱。在做跳马、跳箱训练时，器械前要有跳板，器械后要有保护垫，同时要有老师和同学在器材旁站立保护。

（6）垫上运动。进行前后翻滚、俯卧撑、仰卧起坐等垫上运动项目，做动作时要严肃认真，不能打闹嬉笑，否则容易扭伤颈部，伤害脊柱或大脑。

（7）球类。参加篮球、足球等项目训练时，要学会保护自己，不要在争抢中蛮干而伤及他人。在这些争抢剧烈的运动中，自觉遵守竞赛规则对于自身安全是很重要的。

（8）游泳。游泳是一项十分有益的运动，但同时也存在危险。要保证安全，应该做到：游泳前需要经过体检，处在月经期的女性不宜游泳；下水前应做准备活动，用少量冷水冲洗一下躯干和四肢，使身体适应水温，避免出现头晕、心慌、抽筋现象；饱食或者饥饿，剧烈运动和繁重劳动后不要游泳。当然，课余和假期慎重选择游泳场所，不在水下状况不明时跳水，是珍爱生命的要领。水性不佳的同学，发现有人溺水，要用竹竿、绳索等救援，或大声呼唤水性好的人相助，不要贸然下水营救。

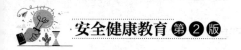

小贴士

游泳时抽筋的应对

在游泳时，有时会发生抽筋。抽筋的主要部位是大腿和小腿，有时手指、脚趾及胃部等部位也会发生抽筋。抽筋的主要原因是下水前没有做准备活动或是准备活动不充分，身体各器官及肌肉组织没活动开，下水后突然做剧烈的蹬水、划水动作，或因凉水刺激肌肉突然收缩而出现抽筋。游泳时间长，过分疲劳及体力消耗过多，在机体大量散热或精神紧张、游泳动作不协调等情况下也会出现抽筋。抽筋时，千万不要惊慌，要保持镇静，停止游泳，仰面浮于水面，并根据不同部位采取不同方法进行自救。小腿抽筋时，身体呈仰卧姿势，用手握住抽筋腿的脚趾，用力向上拉，使抽筋腿伸直，并用另一只脚踩水，另一只手划水，帮助身体上浮，连续多次，可恢复正常；两手抽筋时，应迅速握紧拳头，再用力伸直，反复多次，直至复原。抽筋过后，改用别种泳姿游回岸边。如果不得不用同一泳姿，那么要提防再次抽筋。

（二）运动会安全

运动会的竞赛项目多、持续时间长、运动强度大、参加人数多，安全问题十分重要。运动会安全主要应注意以下几方面。

第一，遵守赛场纪律，服从调度指挥，这是确保安全的基本要求。

第二，没有比赛项目的同学不要在赛场中穿行、玩耍，要在指定的地点观看比赛，以免被投掷的铅球、标枪等击伤，也避免与参加比赛的同学相撞。

第三，临赛前不可吃得过饱或者多次饮水，临赛前半小时内可以吃些巧克力，以增加热量；在临赛的等待时间里，要注意身体保暖；比赛前做好准备工作，以使身体适应比赛。

第四，比赛结束后，不要立即停下来休息，要坚持做好放松运动，如慢跑等，使心脏逐渐恢复平静；不要马上大量饮水、吃冷饮，也不要立即洗冷水澡。

（三）课外体育活动的安全

课间活动能够起到放松、调节和休息的作用。课间活动时应当注意：尽量在室外活动，因为室外空气新鲜，但不要远离教室，以免耽误下面的课程；活动强度要适当，不能做剧烈运动，以保证继续上课时不疲劳，精神集中、饱满；活动的方式要简便易行，要注意安全，避免发生扭伤、碰伤等危险。

课外体育活动是体育锻炼的重要方式，是满足兴趣爱好的重要活动。选择体育活动时，既要注意场地、设施的距离，又要考虑费用，只有方便、经济的体育活动才有可能坚持，才能起到锻炼身体的目的。

在参加课外体育活动时，应做到饭前饭后不做剧烈运动。饭前剧烈运动，不利于食物的消化和吸收，一般来说，运动后至少休息半小时再进食比较适宜。饭后马上做剧烈运动，既影响消化系统功能，还容易引起运动中腹痛和其他不良反应。

运动中和运动后不宜大量喝冷水或吃冷饮，否则会使上腹部感到沉重和胀闷，影响呼吸，加重心脏和肾脏负担，刺激肠胃，影响食物的消化和吸收，还会引起腹痛和腹泻，长期如此，消化系统易发生疾病，影响健康。但可含水漱口或饮少量温开水，有少量盐的温开水更好。运动后，体温升高，严禁马上用冷水冲洗。

课外体育活动要量力而行，千万不能因贪玩而过度，更不能带病锻炼。此外，冬天要增加准备活动时间，以免受伤；夏天不要长时间暴露于高温和太阳直射下，防止中暑。

知识拓展

冬季参加体育锻炼要做到"六防"

第一，防受冷冻伤。应该根据户外天气的寒冷变化，适当增减衣服，不可穿得太单薄。待准备活动做完，身体开始发热后，方可逐渐脱下过多的衣服。对暴露在外的脸、鼻、耳朵、手等，要适当进行按摩，常搓常擦，以促进局部血液循环，同时，在肢体表层部位涂抹适量的护肤品来保护皮肤。

第二，防超负荷运动。不要因为天气冷，一开始就做大负荷运动来增加热量。要根据当时的天气情况和个人的身体健康状况，合理安排运动负荷量，运动量的大小和运动时间的长短要因人而异，量力而行。运动要循序渐进，以不感到疲乏为度。

第三，防运动中损伤。冬天人体肌肉的黏滞性增加，弹性、伸展性降低，关节的运动幅度减小。锻炼前如果准备活动不充分，那么很容易引起肌肉、肌腱、韧带及关节部位的运动损伤。

第四，防患感冒。冬练本身能锻炼身体，增强体质，预防感冒等疾病。但是，在运动中不注意防寒保暖，会引发感冒。因此，冬练不要张大口呼吸，以免吸入过多的冷空气而引起运动性腹痛，或降低呼吸道黏膜的抵抗力而感冒。锻炼后，身体发热出汗，不要在风口处脱衣坐卧。

第五，防环境污染。冬练要找清洁干净的地方，不要在风口或风沙大的地方进行锻炼，不要在浓雾弥漫中进行锻炼。因为这些地方空气污染比较大，对人的身体有害，运动者容易因供氧不足而出现胸闷、气短、头晕、四肢乏力等症状。

第六，防不持之以恒。冬练贵在持之以恒，坚持不断，不要因为一时天气不好就不坚持锻炼，也不要因一时情绪不高就放弃锻炼，要做到锻炼有规律，锻炼有毅力。

二、体育运动安全事故的预防办法

（一）提高预防意识

体育锻炼本来是锻炼身体、强健体魄、陶冶情操的一项活动，若由此给学生带来

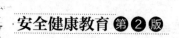

伤害，就与体育运动的宗旨背道而驰了。从各种体育运动安全事故所暴露出的问题看，主要原因是学生缺乏自我保护意识，预防措施不当，使伤害事故不断发生，如运动前不做准备活动，不检查器械和场地；器材松动和安防不合理等都会导致严重伤害事件，尤其是一些自制的体育器材，一定要确保其符合安全使用的要求，若有问题则需及时发现并加以解决。此外，在天气条件不好时进行体育运动，如高温潮湿天气，易出现中暑、抽筋等问题；在低温潮湿天气时进行运动，又容易出现肌肉韧带损伤，长期如此，还可引起风湿病；黄昏或黎明时，能见度低，神经反应迟钝，也容易发生运动损伤。

（二）遵守安全规定

上体育课或进行运动训练时要听从老师的统一指挥，遵守运动场所的规章制度，如铅球教学时，学生必须按照老师的要求站在安全的区域进行学习和练习；在游泳池，必须严格听从老师的安排，按老师要求的时间下水、出水集合。只有严格遵守这些规章制度，才能有效避免体育运动安全事故的发生。

（三）遵守竞赛规则

在参加体育竞赛时，必须遵守竞赛规则，包括着装、装备、比赛的动作规范等，如足球比赛中，要求运动员必须装备腿板才能参赛，以有效避免胫骨、腓骨骨折等严重伤害事故的发生；禁止背后铲球；两人争抢球时，禁止抬脚过高等。这些都是保护运动员安全参赛的竞赛规则。自觉遵守这些规则，不仅可以保证比赛的公平竞争和竞赛，还能避免不必要的伤害事故。

（四）循序渐进加强身体素质

进行体育运动造成身体损伤的原因有很多，如力量、速度、耐力与灵敏等素质差，反应迟钝，关节灵活性和稳定性不够。若股四头肌力量不足，则容易引起髌骨劳损；若肩关节周围肌群力量不足或柔韧性差，则容易引起肩关节损伤等。这部分人群需要通过长期的、有针对性的、循序渐进的训练，提高身体素质，再参加较剧烈的运动，从而避免相关运动损伤。

（五）安排适当的运动量

运动量安排不合理，特别是局部负担过大，容易因身体局部劳损造成伤害事故。

三、几种常见运动损伤的处理

（一）鼻出血的简单处理

鼻出血是日常生活中非常常见的一种鼻科疾病，鼻出血后无须害怕，因为鼻出血的处理方法很简单。

（1）保持镇静，不要紧张。

（2）如果鼻出血量不多，可用干净棉花堵塞鼻孔，再用手指捏住两侧鼻翼，稍用力压迫，过 5～10 分钟就能止住。

（3）把适量的云南白药、麻黄素等药物放在棉球上，填塞在出血的鼻腔内，止血效果较好。

（4）如出血量过大，必须及时到医院救治。

（二）肌肉、关节、韧带扭伤的处理

（1）不能按摩或热敷。肌肉、关节、韧带等扭伤时，不能立即按摩或热敷，以免加重皮下出血，加剧肿胀。

（2）冷敷或用冷水浸泡。若肌肉、关节、韧带等扭伤时，则应当立即停止运动，使受伤部位充分休息，并且冷敷或用冷水浸泡。待 24～48 小时以后，皮下出血停止再改热敷，以促进消散瘀血，消除肿胀。

（3）若扭伤严重，则应及时到医院就诊。

（三）外伤出血时的止血方法

外伤引起的大出血，若不及时予以止血和包扎，则会严重威胁人的健康乃至生命。在进行体育运动时，因意外引起外伤出血时可采用以下止血方法。

1. 一般止血方法

针对小的伤口出血，先用生理盐水冲洗，然后消毒，最后再覆盖多层消毒纱布用绷带扎紧包扎。注意：如果患者有较多体毛（如头发），在处理时应剪剃毛发。

2. 加压包扎止血法

用消毒的纱布、棉花做成软垫放在伤口上，再用力加以包扎，以增大压力达到止血的目的。此法应用普遍，效果也佳，但要注意加压时间不能过长。

（四）骨折简易应急处理

1. 应急处理

应用适当夹板固定患处附近及两段关节，以保持骨折部位及两段关节不动，夹板必须超出两端关节；无夹板时，可用硬板、竹板或折叠的报纸代替。

2. 注意事项

若皮肤有伤口及出血，则要清除可见的污物，然后用干净的棉花或毛巾等加压包扎。若为开放性骨折（骨折断端经伤口暴露出来），则应优先处理伤口，止血后再固定。不能滥用绳索或电线捆扎，可用宽布条在伤口的上方捆扎。捆扎不要太紧，以不出血为度，并且要记录好时间，等待医护人员。上肢捆扎止血带应在上臂的三分之一处，以避免损伤桡神经。骨盆骨折，用宽布条扎住骨盆，患者仰卧，膝关节半屈位，膝下垫一枕头或衣物，以稳定身体，减少晃动；露出肢体末端，便于观察血液循环。

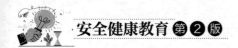

若无法判定是扭伤、脱臼或骨折，则应以骨折方法固定。

用冰敷患处可以减轻疼痛，但应尽快送医。搬运患者动作要轻，使受伤肢体避免弯曲、扭转。搬运胸腰椎骨折患者，须由 2～3 人同时托头、肩、臀和下肢，把患者平托起来放在担架或木板上。搬运颈椎骨折患者时，要有 1 人牵引固定头部，其他人抬躯干上担架，然后在头颈两侧用棉衣等固定。搬运下肢骨折患者时，可由 1 人托住伤肢，其他人抬躯干上担架。上肢骨折者多可自行行走，若需搬运时，则方法同下肢骨折患者。

（五）运动时腹痛的处理

正常情况下，运动时发生腹痛，只要用手揉压一会儿就会逐渐消失。有时不去管它，适应一会儿也会消失。加深呼吸也可以使腹痛得到缓解。为了预防运动时腹痛，首先要在运动前做好准备活动，不要在运动前吃得过多，或喝过多的水，更不要喝生水。如果在 10 分钟内不能解除腹痛，那么就要停止运动，立即找医生检查。

思考与探究

1. 如何应对游泳时意外抽筋？
2. 运动会安全的注意事项有哪些？
3. 如何预防体育安全事故？
4. 外伤出血时可采取哪些紧急措施？

模块四 校园安全

学习目标

1. 了解有关校园生活安全的知识。
2. 了解有关校园饮食安全的知识。

校园安全包括校园生活安全和校园饮食安全两方面。在校园生活安全中要特别注意女生人身安全和防骗；在校园饮食安全中要注意有关食品安全。

一、校园生活安全

（一）女生人身安全常识

女生夜间行路应注意安全，具体措施如下。

（1）保持警惕。在校园内行走，要走灯光明亮、来往行人较多的大道。对于路边黑暗处要有戒备，最好结伴而行，不要单独行走。在校外陌生道路行走，要选择有路灯和行人较多的路线。

（2）陌生男人问路，不要带路。尽量不要向陌生男人问路，不要让对方带路。

（3）不穿过分暴露的衣衫和裙子，少穿行动不便的高跟鞋。

（4）不要搭乘陌生人的机动车、人力车或自行车，防止落入坏人的圈套。

（5）遇到不怀好意的男人挑逗，要及时斥责，表现出自己应有的自信与刚强。如果碰上坏人，首先要高声呼救，即使四周无人，也不要紧张，要保持冷静，利用随身携带的物品，或就地取材进行有效反抗，还可采取周旋、拖延时间的办法等待救援。

（6）一旦不幸受侵害，不要丧失信心。要振作精神，鼓起勇气同犯罪分子做斗争。要尽量记住犯罪分子的外貌特征，如身高、相貌、体型、口音、服饰及特殊标记等。要及时向公安机关报告，并提供证据和线索，协助公安部门侦查破案。

（二）防骗

1. 诈骗者常用骗术

（1）假冒身份，流窜行骗。诈骗分子利用虚假身份、证件等与人交往，骗取财物后迅速离开，且诈骗地点、居住地点不固定。（2）投其所好，引诱上钩。诈骗分子利用刚入学新生的生疏、毕业生择业心切等心理，以帮助学生找熟人、拉关系，为学生办事为由行骗。（3）以招聘为名，设置圈套。诈骗分子利用学生家住农村、贫困地区，家庭困难等条件，抓住学生勤工俭学减轻家庭负担的心理，以招聘推销员、服务员等为诱饵，虚设中介机构收取费用，骗人财物。（4）以次充好，恶意行骗。诈骗分子利用学生社会经验少，购买商品苛求物美价廉的特点，到宿舍或私定的场所销售伪劣商品，骗取钱财。（5）虚请家教，实为掠"色"。诈骗分子利用假期学生担任家教之机，以虚请家教为名，专找女学生骗取女生的信任，骗财又骗"色"。（6）精心策划，网上行骗。诈骗分子利用学生上网时机，在网上用假名交谈一些不健康的内容，之后打印成文并恐吓威胁，诈骗财物。

2. 受骗原因

俗话说："贪小便宜吃大亏"。在发生的诈骗案中，受害者都是因为谋取个人利益，贪占便宜而轻信他人。例如，"高攀门第"的心理和"拍马屁"的习惯，在权力和金钱面前丧失原则，这样很容易成为诈骗的对象；"利令智昏"的心理，有些人见钱眼开、唯利是图、金钱至上、真假不分，眼睛只盯在"钱"上，警惕全无；"封建迷信"

的心理，轻信"神""鬼""命运"，不相信客观实际，不懂装懂，轻易相信对方；"崇洋媚外"的心理，贪图享受，追求国外生活，很容易上当受骗。

3. 如何防骗

识破身份伪装。诈骗分子常常以各种假身份出现：国外代理商、××领导亲属、华侨、军官等，遇这种情况不要急于表态，不要草率相信，要仔细观察，从言谈话语中找出破绽，辨别真伪。

识破手法变化。诈骗分子常常变换手法，如改变姓名、年龄、身份、住址等，此地用 A 名，换地用 B 名，而诈骗分子一身多职，时而港商，时而华侨，时而高干子弟，时而专家学者，但全是假身份。因此要发现对方多变的形象，引起警惕、找出疑点，识破其真面目。

注意反常。如果仔细观察犯罪分子的一言一行、一举一动，那么就会发现有反常现象。别人办不了的事他能办到；别人买不到的东西他能买到；别人犯法他能担保等，这些现象与常规的差距越大，虚假性就越明显。因此对这些谎言，要冷静思考识破骗局。

当心麻醉剂。诈骗分子为了达到目的，有时也会宴请、赠礼或投其所好，用吃小亏占大便宜的方式诱你上当。

主动出击，打破骗局。通过犯罪分子的讲话口音、谈话内容及对当地的风土人情、地名地点的了解等识破其真面目；从犯罪分子的举止行动、行为习惯、业务常识，所谈及人的姓名、职务、住址、电话等，判断其真伪；从身份证中核实其人，并牢记"没有免费的宴席，天上不会掉馅饼"，这样就能防止或减少被骗。

在日常生活中，要提高防范意识，学会自我保护；谨慎交友，不以感情代替理智；同学之间相互沟通、相互帮助；遇到难以解决的问题，充分依靠学校、教师和同学；自觉遵纪守法，不贪占便宜，发现诈骗行为，及时报警。

二、校园饮食安全

（一）食品安全相关概念

人们通常认为的食品安全是指食品无毒、无害，符合应当有的营养要求，对人体健康不造成任何急性、亚急性或者慢性危害。根据世界卫生组织的定义，食品安全问题是指食物中有毒、有害物质对人体健康影响的公共卫生问题。

（二）购买食品的注意事项

我们经常会在商场、超市、农贸市场等地方购买生活必需品，如何买到质量达标、安全放心的食品，是每位消费者都关心的问题。因此，我们应提高自我保护意识和鉴别食品优劣的能力。

购买食品时应注意以下五个基本事项。

（1）在正规商场购买食品。建议大家最好在正规超市、商场购买食品，不要买校园周边、街头巷尾流动小摊贩所兜售的"三无"食品。尤其是购买散装食品时，要注意经营场所的卫生状况，看其是否具备健康证、卫生证等相关证照，有无防蝇防尘设施，挑选食品、收款是否由专人负责或有严格区分的专用工具。

（2）查验食品包装上的标识是否齐全。食品外包装上的标识应包括品名、商标、配料表、生产厂家、厂址、电话、卫生许可证号、生产日期、保质期、执行标准号、规格、数量并附合格标志。不买标签模糊或不规范的食品。此外，应注意选购近期生产的食品，储藏期过长的产品其质量及安全性可能有所下降。

（3）购买获得国家质量安全认证的食品。我国对小麦粉、大米、食用植物油、酱油、食醋、肉制品、乳制品、饮料、调味品、方便面、饼干、罐头、冷冻饮品、速冻米面食品和膨化食品等 28 类食品实行了市场准入制度，要求上述食品必须通过"SC"认证才能上市销售。因此大家在选购食品时应留心外包装上是否贴了"SC"标志及准入证号。

（4）提高对食品安全危害性的认识，理智地对待促销商品。应购买正规厂家生产的食品，尽量选择信誉度较好的品牌。不要一味贪图便宜，购买价格低廉的食品，也不要被某些商家所谓的"打折""促销"等手段所蒙蔽。另外，不盲目相信广告，广告宣传并不一定代表实际情况，一些商家常为达到自身利益而虚假宣传。特别是购买儿童食品，一定要谨慎为宜。

（5）关注经营者的诚信度，强化食品安全防范和维权意识。购买商品之后，消费者应主动向经营者索要购物发票，将发票、商品检测检验合格证明等文档妥善保管，一旦出现质量及其他问题，可作为投诉的重要依据，以维护消费者的权益。

典型案例

某学校部分学生在饮用学校配发的早餐奶后，出现胃部疼痛、呕吐等症状，立即被送往当地医院救治。随后附近几所学校的多名学生也出现了类似症状。据统计，有超过百名学生出现食物中毒症状就诊，其中 27 人留院观察。

据了解，这些学校配发的早餐牛奶都是由该市一家公司配送的。事故发生后，当地质监、工商部门已成立联合调查组，封存剩余牛奶并进行进一步调查。

（三）养成良好的饮食习惯

1. 保持双手的清洁

人们的双手是肠道疾病传播的重要媒介。手在生活中接触的东西很多，从早上起床开始，人们的日常行为都离不开手。手在接触形形色色的物品后会沾染很多细菌。

如果在上厕所、数钱之后不及时洗手，那么有害细菌便会趁吃东西或喝水之际，通过消化道进入人体内，引起一系列的不良身体反应，如腹泻等。因此，同学们必须养成经常洗手的好习惯，一天最好能洗手 10 次以上，保持手部清洁。

洗手貌似简单，殊不知学问很大。许多人不知道如何正确、科学地洗手。一般情况下，只是快速地搓洗一下手心手背，就以为已经完成任务了，其实远未达到清洁双手的效果。那么正确的洗手程序是什么呢？通常应包含以下五个步骤。

（1）湿：在水龙头下把手充分淋湿，包括手腕、手掌和手指部位。

（2）搓：双手擦肥皂，使之充分起泡，两手交叉搓双手的各个部位，应洗到腕部以上并注意用工具剔除指甲内污垢。

（3）冲：用清水将双手彻底冲洗干净。

（4）捧：捧水将水龙头冲洗干净。因为洗手前开水龙头时，手已污染了水龙头，故要在关闭水龙头前捧水冲洗它。

（5）擦：不与他人共用毛巾，防止细菌交叉感染。

2. 不吃过期及变质的食物

有些食物超过保质期的时间还不长，看起来没有变质，这种情况下人们往往觉得弃之可惜而继续食用。殊不知此时食物成分已经发生了变化，食用它们，既摄取不到足够的营养，又可能造成食物中毒。

超过保质期较长的食品，容易腐烂变质，并散发出异味，如水果放置时间太长，容易发霉。各种微生物不断繁殖，产生大量有毒物质，这些有毒物质向未腐烂部分继续扩散。人们一旦食用了这些腐烂食物，其中的毒素就会对人体呼吸、神经等系统形成威胁，食用后会出现恶心、呕吐、腹胀等情况，严重的会出现其他中毒症状。因此在购买食品时应检查食物包装上的生产日期和保质期，千万别贪图便宜购买过期食品或饮料。食品购买之后应在保质期内尽快食用，一旦发现过期，应果断丢弃。

3. 不购买不卫生的食物

在校园附近或街道两旁，经常有出售油炸、烧烤类食品的小摊贩。据观察，放学后，许多学生抵制不了香气扑鼻的诱惑而光顾这些没有食品经营许可证和卫生证的摊点。

流动摊点的食物不但不卫生，所用原材料也没有经过严格的清洗或消毒程序，这些摊点多以出售烧烤、油炸类食物为主，过量食用此类食品对人体的危害是很大的。有些商贩为了达到营利目的，甚至违背基本的职业道德，向路人兜售过期变质的饮料和食物。

（四）食物中毒的紧急处理

1. 食物中毒的症状

食物中毒者最常见的症状是剧烈的呕吐、腹泻，同时伴有中上腹部疼痛。食物中毒者常会因上吐下泻而出现脱水症状，如口干、眼窝下陷、皮肤弹性消失、肢体冰凉、脉搏细弱、血压降低等，甚至可致休克。

2. 食物中毒的处理方式

（1）催吐：如果食物吃下去的时间在 1~2 小时内，可采取催吐的方法。取食盐 20 g，加开水 200 mL 兑成浓盐水，稍冷却后一次喝下去。如果患者未吐，那么可多喝几次，迅速促进呕吐。另外，也可用鲜生姜汁 100 g，捣碎取汁用 200 mL 温水冲服。

（2）解毒：如果是吃了变质的鱼、虾、蟹等引起的食物中毒，那么可取食醋 100 mL，加水 200 mL，稀释后一次服下。

（3）如果经上述急救，患者的症状未见好转，或中毒较重者，那么应尽快送往医院救治。

📖 思考与探究

1. 日常生活中有哪些不良的饮食卫生习惯，应当怎样改正？
2. 食物中毒了怎么处理？
3. 女生夜间行路应注意哪些问题？

●●● 模块五　实习与就业安全

🎓 学习目标

1. 理解学生毕业实习的注意事项。
2. 理解学生求职就业的注意事项。
3. 理解并掌握如何应对关于毕业实习和求职就业的安全问题。

实习与就业安全分为毕业实习安全和就业求职安全两类。毕业实习作为提高职业学院学生技能的重要途径，是职业技能提高的重要环节。学生在校期间不但要在模拟仿真实训中强化技能训练，而且更需要在上岗实习的过程中增强职业意识，提升职业素养。一起伤亡事故，会给个人和家庭带来巨大的灾难和无法挽回的损失，因此，提高职业学院学生技能水平的同时，更要让学生在实习操作中强化安全意识，养成遵守安全规程的习惯。

一、毕业实习安全

（一）毕业实习的概念

一般而言，学生毕业实习是指应届毕业学生到用人单位参加社会实践，将所学的理论知识在实际工作中加以运用和检验，以提高自身综合素质，增强就业能力的学习过程。

对学校来说，毕业实习是整个教学过程中重要的实践课程，其目的是提高学生思想品德素质，规范学生从业言行，巩固学生专业知识和扩大知识面，提高基本操作能力和就业能力，理论联系实际，成为德、智、体全面发展的有理论、能操作、会管理的实用型人才。

（二）毕业实习与兼职打工、见习的区别

1. 学生毕业实习与在校学生利用课余时间兼职打工或勤工助学的不同

学生毕业实习主要是"教学实习"，就是在校学生根据学校教学安排，到用人单位参加一定的岗位工作，进行学习实践的活动。兼职打工或勤工助学者虽然有其在校学生的身份，并且在很多情况下是用"实习"的名义，但其目的是打工赚钱，它与实习的根本区别并不在于学生是否获得实际劳动报酬，而在于是否具有实习本来所应具有的学习目的。

2. 学生毕业实习与用人单位对聘用人员进行就业岗前培训的"见习"的不同

这种"见习"虽然也带有实践性学习的性质，但毕业实习不以实习人员与用人单位建立劳动合同关系为前提，而是学生出于学习的需要在用人单位进行社会实践的行为。此外，"见习"有时也被称为"实习"，但它是建立在实习人员与用人单位建立劳动合同关系的基础上，参加特定的岗前专业技能训练，目的在于增强以后从事这些专业工作的熟练度。

3. 学生毕业实习应当包括"就业见习"

所谓"就业见习"，是指由各级政府有关部门组织离校后未就业的毕业生到企事业单位实践训练的就业扶持措施。我国从 2006 年起推行有计划地组织未就业高校毕业生到见习单位和基地参加见习的制度，目的是帮助回到原籍、尚未就业的毕业生尽快实现就业。可见，参加就业实习的毕业学生与实习单位尚未形成固定的劳动就业关系，与岗前培训的"见习"有着根本的不同，从性质上应当属于学生"实习"的范畴。

二、学生毕业实习安全注意事项

高度重视实习安全教育工作并积极落实到位，是学生顺利毕业并走上社会的重要保障。

（一）前往教学实习基地路途中的安全注意事项

学生教学实习基地遍布全国各大城市，涉及汽车、火车、飞机、轮船等交通工具。学生在前往基地途中，要遵守规章制度，听从带队老师的安排。

1. 汽车途中

汽车空间较为狭窄，学生上车后务必坐好，遵守"三不"原则，即不争抢，不吵闹，不走动。

2. 火车途中

火车是学生前往实习单位乘坐较多的交通工具，虽然火车车厢舒适，行驶安全性较高，但是仍要注意多方面的安全。

3. 飞机途中

听从老师统一安排；飞机上严禁高声喧哗、随意走动、嬉戏打闹；刀具等危险品，酒、香水等易燃物品不能随身携带，必须在办理登机手续时托运。

4. 轮船途中

乘坐轮船切忌乱蹦乱跳，嬉戏打闹；如出现头晕、恶心、胸闷等晕船现象一定要及时告诉带队老师；注意保管好随身贵重物品，防止遭偷窃。

📺 典型案例

最近，小杨在学校的安排下前往北京参加毕业实习。小杨因到机场较晚，办理登机手续匆忙，结果忘记背包里还有一套后厨工艺刀未托运，于是只得再次办理托运手续，最终错过了登机时间，不仅遭受了经济上的损失，还给实习单位留下了不好的印象。学生乘坐飞机的机会相对较少，经验不足，出现误机的现象也很正常，但仍然要加强这方面的安全知识教育。

（二）实习期间的安全注意事项

1. 遵章守纪，服从企业正当工作安排

实习学生应在企业的指导下全面学习和掌握工作性质、工作时间、工作地点、工作内容、工作要求，严格按照企业要求认真完成本职工作，不得违背企业在规章制度中明确规定的事项，如不得进入配电房、监控室，未经允许不得下海游泳等，这些规定往往容易被学生忽略，以致造成自身利益受损甚至人身危险。

2. 操作规范，安全生产

操作规范、安全生产是所有企业在安全教育中强调得最多，也是最关注的方面，作为实习学生，更应该注意操作中的安全，它不仅关系到自己的人身安全，还牵动着父母、学校领导、企业领导的心。古人有言："患生于所忽，祸起于细微。"它告诉我们一个道理，事故的发生往往是由人们的疏忽大意，不重视可能发生事故

的细微苗头而造成的。

3. 休假外出安全

初到实习城市，比较陌生，外出游玩要提前做好交通规划，要结伴而行，尽量在天黑前返回住所；出门尽量少带钱物和贵重物品，照相机、手机、钱包等一定要注意保管，人多的地方要提高警惕；尽量少与陌生人交谈，以免上当受骗，陷入危险；遇到抢劫、偷窃等危险情况，要大声呼救或拨打"110"，不要轻易与坏人搏斗或追赶，以免被利器刺伤或遭遇更大危险。

4. 生病及时就医

学生出门在外，工作、生活压力都比较大，引发身体疾病在所难免，如若生病，一定要及时就医并遵照医嘱按时服药。若病情较为严重，则务必向企业请假或向学校报告，及时得到休息调养和治疗恢复。保持身体健康是提高工作效率的前提条件。

5. 提高个人素质修养

遵守企业规章制度，不能贪小便宜，不能为金钱所诱惑，否则会给自己的职业生涯"抹黑"；对领导要尊重，对同事要团结，不能因为是同一所学校的实习生就搞小团体；对人要有礼貌，言语适当，态度温和，不能过于强硬，不能自以为是，否则很容易被领导批评，被同事孤立。

6. 了解相关法律和学校规章制度

教育部有关实习生的管理也有明确的文件规定，实习生应当严格遵守学校和实习单位的规章制度，服从管理。未经学校批准，不得擅自离开实习单位。不得自行在外联系住宿。违反实习纪律的学生，应接受指导教师、学校和实习单位的批评教育。情节严重的，学校可责令其暂停实习，限期改正。

三、实习期间劳动事故处理

如果实习期间发生实习事故，那么应按以下方法进行处理。

（1）被划伤、切伤时，应迅速用干净毛巾、纸巾等包扎伤口，止住流血，并立即前往医院；如果被铁质利器所伤，那么还应到医院打破伤风针。

（2）不慎从高处或从楼梯上滚落扭伤关节、碰伤骨头时，切记不能随意移动，应保持着地姿势，并拨打急救电话。

（3）发现他人触电，要迅速切断电源，千万不要用手去碰触电者，应设法用绝缘体挑开电线。

（4）如果手指轧入工作机械，或头发、衣角卷入机械时，那么应立即关闭机械；若发生断指、断臂等情况，则应紧急包扎伤处止血，并迅速拾起断指、断臂等清洗后浸入生理盐水，并立即送往医院救治。

（5）发生事故时一定要冷静，尽快通知单位领导和学校老师以得到妥善处理。

四、就业求职安全

（一）就业及学生就业求职安全的概念

就业是民生之本，对多数个人和家庭而言，就业不仅是主要或唯一的收入来源和重要的谋生手段，也是社会地位和自尊的基础。因此，就业被看成是社会基本需求和基本权利。

这里所讲的就业是指劳动者与用人单位签订合法劳动合同，参加社会工作并获取报酬的活动。

（二）学生就业求职安全

成功就业是毕业生踏入社会实现梦想的第一步，也是人生非常重要的一步。学生就业求职安全是指毕业生在社会求职过程中要全面注意的风险安全问题，以及需要深入掌握的预防措施，这是毕业生安全求职、顺利就业所必须注意的方面。

（三）求职前的安全问题

1. 树立正确的择业观

求职前，学生要把握自我，准确定位，审视自己择业的思想意识是否明确，这是保证正确选择就业单位的先决条件。

知识拓展

毕业生面对职场选择应进行自我调适

第一，正确认识自我。毕业生应冷静客观地进行自我分析，以避免求职中的盲目性，避免因个人自负清高而就业失败，只有实事求是地对待自己，才能避免心理冲突，减缓择业受挫和焦虑带来的痛苦。

第二，及时调整就业期望值。在迈出择业第一步时，不要过于追求职业声望，要立足现实的社会需要，抵制功利主义、享乐主义，毕业生应在实践中开拓事业、增长才干。

第三，保持乐观的择业心态。毕业生应不断加强自我修养，使自己宽容大度，在择业受挫时，敢于自我解析，勇于主动提高和完善自我。

2. 确保就业信息安全可靠

学校就业信息网上发布的就业信息，都经过了严格核实，包括核实用人单位的工商许可证、营业执照等，基本上确保了就业信息的真实性、准确性、安全性。对于通过其他渠道获得的就业信息，一定要想方设法通过各种途径进行核实。

典型案例

小王是某名牌学校国际贸易专业应届毕业生，在校期间品学兼优，获得过很多荣

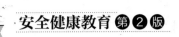

誉，难免心气高。临近毕业，小王面试了好几家国内知名企业，但都感觉不满意，要么嫌岗位差，要么嫌工资低，无奈之下，只能回家待业。

小王好高骛远，急于求成，没有认真分析就业形势和自身条件，所以找不到合适的工作，这在当今毕业生中是很常见的。其实找工作并不难，只是想找一份适合自己的工作比较难，还有些毕业生不知道自己适合什么样的职业。

（四）求职过程中的安全问题

1. 识别就业陷阱

职场预防陷阱需忌"三心"，即贪心、急心、糊涂心。

2. 确保人身安全

求职找工作要有应急的心理准备；进入招聘单位面试报到时要仔细观察。

典型案例

毛先生日前在贵阳家中接到一个长途电话，称其在广州上学的儿子在车祸中撞伤，正在医院抢救，急需手术费 5 万元。毛先生闻讯立即拨打儿子手机却怎么也打不通，于是相信真的出事了。就在此时，一个自称是儿子学校领导的人又打来电话，证实确有其事，并留下一个广州账号。毛先生连忙筹集了 5 万元汇过去。几小时后，毛先生终于打通儿子电话，方知上当受骗。原来，儿子不久前在网上发了一则求职应聘信息，有人自称是某公司总经理，想招聘他做兼职。儿子便将贵阳家庭情况和电话号码告诉了对方。谁知对方招聘是假，套取家庭信息诈骗是真。

毕业生就业压力大，求职心切，但千万不能大意，在填写有关应聘表格时没有必要留下家庭信息，尤其是联络电话等，骗子往往利用假招聘套取应聘者有关信息，从而实施诈骗，家人稍不注意，就可能落入陷阱造成损失。遇到类似情况时，不要轻信，不要乱了方寸，可向单位、学校查实后再做出相应决定。

（五）求职后的安全问题

1. 面试后认真核查单位情况

上网或通过其他途径查看该单位登载的营业项目、报上刊登的项目、面试现场所见三者是否相符；登录有关部门的网站查看，或与亲友交谈，看看该公司是否被列入黑名单；问问自己，面试的职务内容是否与自己找工作时的初衷相符，并且所获得的待遇是否合乎期望值；不要接受不道德或违法的工作。若已受骗，则应尽快向有关部门报案。

2. 签订劳动合同时的注意事项

可以约定试用期，但试用期最长不得超过 6 个月；在劳动纠纷中，有少数单位在续签劳动合同时，再次约定试用期，特别是在短期合同的续约中容易出现，这是违背

《中华人民共和国劳动法》的，需引起注意；工作内容、聘用职务应清楚明了，使就业者知道自己将做什么，发展空间有多大。

3. 受骗后的应急措施

打电话给父母、老师；向"110"或当地公安机关报警；详细整理好自己应聘过程的有关资料，写出书面材料上交有关部门，包括就业信息获得渠道、受骗过程、行骗单位的有关材料等。

典型案例

毕业生小何最近遇到了麻烦。试用期6个月都结束了，可单位还一直没有跟她签订劳动合同，每次小何想开口问时，老板都好像看透她的心思一般，总是说："小何，你的能力我们都能看见，放心，不会亏待你的！"小何彷徨着，该走还是该留？走，前方路茫茫；留，何时能签合同呢？

参照《中华人民共和国劳动法》关于试用期的规定，如果在试用期满6个月后单位仍然不与其签订正式的劳动合同，那么小何有权通过法律渠道维护自己的权利，不能因为担心、害怕、畏惧而忍气吞声，助长单位的不良作风。

思考与探究

1. 怎样避免求职上当受骗？
2. 怎样在实习中保护自己的人身安全？
3. 签订劳动合同时要注意哪些方面？

模块六 职业安全健康

学习目标

1. 了解职业安全健康的基本概念。
2. 了解我国职业安全健康现状。
3. 了解各类职业病的分类及防护。

学习和了解职业安全与健康的基本概念和基本术语是学习职业安全健康的重要基础，只有对基本概念和术语掌握于心，才能更好地学习其他方面的知识。据国际劳工组织（International Labour Organization，ILO）统计：全球每年各类伤亡事故大约 2.5 亿起，相当于每天 68.5 万起，每小时 2.8 万起，每分钟 475.6 起。全球每年死于工伤事故和职业病人数约为 110 万人（职业病占 1/4），高于每年交通事故死亡（99 万人）、暴力死亡（56.3 万人）、局部战争死亡（50.2 万人）和艾滋病死亡（31.2 万人）的人数。初步估算每天有 3 000 人死于工作，不论是全球的职业安全健康现状还是我国的职业安全健康现状都是十分严峻的，所以了解职业安全健康的相关知识是十分必要的。

一、与职业安全健康相关的概念

1. 职业健康（Occupational Health）

职业健康是指在职业活动中的健康，健康方面的含义不仅体现在从业者个人的职业活动中，而且体现在行业和用人单位要以促进、维持劳动者生理、心理及社交处在最好状态为目标，将职工安排在他们生理和心理可承受的工作环境中；防止职业健康受工作环境影响，保护职工不受健康危害因素伤害。

2. 职业安全（Occupational Safety）

职业安全是指保障劳动者在劳动作业中的人身和财产安全，在工作场所、工作设施、操作程序及教育培训、法律法规方面采取的各种措施。

3. 职业安全健康（Occupational Health and Safety）

职业安全健康是指影响工作场所内员工（包括临时工、合同工）、外来人员和其他人员安全与健康的条件和因素。

小贴士

海因里希法则：当一个企业有 300 个隐患或违章，必然要发生 29 次轻伤或故障，另外还有 1 次重伤、死亡或重大故障（如图 4-7-1 所示）。

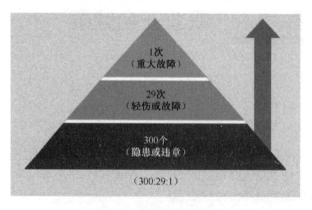

图 4-7-1　海因里希法则

4. 不符合（Non-conformance）

不符合是指未满足要求。不符合可能是对下列要求的偏离：相关的工作标准、惯例、程序、法律法规要求等。

5. 组织（Organization）

组织是指具有自身职能和行政管理的公司、集团公司、商行、企事业单位、政府机构、社团或其结合体。

6. 风险（Risk）

风险是指发生危险事件或有害暴露的可能性，与随之引发的人身伤害或健康损害的严重性的组合。

7. 风险评价（Risk Assessment）

风险评价是指对危险源导致的风险进行评估，对现有控制措施的充分性加以考虑及对风险是否可接受予以确定的过程。

8. 可接受风险（Acceptable Risk）

可接受风险是指根据组织法律义务和职业健康安全方针已被组织降至可允许程度的风险。

9. 工作场所（Workplace）

工作场所是指在组织控制下实施工作相关活动的任何物理区域。

10. 持续改进（Continuous Improvement）

持续改进是指为了实现对整体职业健康安全绩效的改进，根据组织的职业健康安全方针，不断对职业健康安全管理体系进行强化的过程。

11. 纠正措施（Corrective Action）

纠正措施是指为消除已发现的不符合或其他不期望情况的原因所采取的措施。

二、与职业安全有关的知识

职业安全问题是世界范围内被广泛关注的焦点问题，它直接关系到劳动者的基本权利，关系到一个国家经济的稳定和持续增长，是经济发展和社会进步程度的重要标志。我国一直重视职业安全问题，通过法律法规的制定和实施，安全生产规章制度的建设、执行和监督，劳动者的职业安全权利得到了一定程度的保障。但随着经济建设的快速发展，生产安全事故的发生率随之提高，因而保障劳动者的职业安全，成了一个重要的社会问题。

（一）职业安全

职业安全一般是指保障劳动者在劳动作业中的人身或财产安全，在工作场所、工作设施、操作程序以至教育培训、法律法规方面采取的各种措施。职业安全还有另一个同义概念，即劳动安全，两者属同一范畴。

不同行业、不同职业对职业安全的要求和规定是不同的，即安全与不安全之间的界限是不同的。一般而言，人员伤亡或财产损失在法律规定的可控制范围内是安全的，超出其可控制范围则为不安全的。因此安全是相对的，不是绝对的。注重安全是从业者职业素养的重要特征，因为注重安全的行为规范，往往是职业技能与政治、思想、道德规范的融合。注重安全的职业素养，主要表现为具有安全意识，掌握安全规范，自觉落实安全防范措施及安全习惯的养成。

（二）风险、隐患和危险源

1. 风险

风险是指工作场所、工作环境、工作设备及设施，发生某一特定危险情况的可能性，风险是概率问题，通常是指某件事情负面效果发生的概率及程度。

2. 安全隐患

安全隐患是指工作场所、工作环境、工作设备及设施的不安全状态，人的不安全行为和管理上的缺陷，是引发安全事故的直接原因。加强对事故隐患的控制管理，对于预防安全事故具有重要的意义。隐患是影响风险概率及其程度的不确定因素，比风险更具体。

3. 危险源

危险源是指可能导致人员伤亡、财产损失、工作环境破坏等安全事故的根源或状态，通常是指在一定的触发因素作用下，系统中所潜在的能量或物质释放而造成安全事故发生，这些潜在的能量或物质就是危险源。

（三）安全事件和事故

1. 安全事件

安全事件是指导致或可能导致事故发生的各种情况。

2. 安全事故

安全事故是指造成人员伤亡、财产损失或环境破坏的意外情况。

要注意区分事故和事件，造成了人员伤亡、财产损失或环境破坏的情况是事故，没有造成上述情况的是事件，如日光灯坠落，砸到人是事故，没砸到人而虚惊一场是事件。

3. 事故的分类

按事故形成的原因，事故可分为物体打击事故、车辆伤害事故、机械伤害事故、起重伤害事故、触电事故、火灾事故、灼烫事故、淹溺事故、高处坠落事故、坍塌事故、冒顶片帮事故、放炮事故、火药爆炸事故、瓦斯爆炸事故、锅炉爆炸事故、容器爆炸事故、其他爆炸事故、中毒和窒息事故、其他伤害事故等。

4. 事故的等级划分

根据造成的人员伤亡或直接经济损失情况，事故一般划分为以下几个等级。

（1）特别重大事故：是指造成 30 人以上死亡，或者 100 人以上重伤；或者 1 亿元以上直接经济损失的事故。

（2）重大事故：是指造成 10 人以上 30 人以下死亡，或者 50 人以上 100 人以下重伤，或者 5 000 万元以上 1 亿元以下直接经济损失的事故。

（3）较大事故：是指造成 3 人以上 10 人以下死亡，或者 10 人以上 50 人以下重伤，或者 1 000 万元以上 5 000 万元以下直接经济损失的事故。

（4）一般事故：是指造成 3 人以下死亡，或者 10 人以下重伤，或者 1 000 万元以下直接经济损失的事故。

思考与探究

1. 简要说说职业健康的概念。
2. 简要说说职业安全事故的分类及其划分等级。

第五单元

学生意外伤害与应急救护

模块一 意外伤害与应急救护概述

学习目标

1. 理解意外伤害与应急救护的概念。
2. 理解意外伤害与应急救护的特点。
3. 掌握应急救护的步骤与原则。
4. 知道应急救护的注意事项。
5. 掌握如何拨打紧急电话。

据权威数字统计，我国有 25% 的死亡不是因为绝症或衰老，而是因为在意外事故、灾害造成的损伤中丧失了现场及时抢救的时机。生活中难免会发生各类伤害事故，轻则可能擦伤、碰伤、少量流血，重则可能导致残疾，甚至死亡。这就需要"第一目击者"对伤病员进行应急救护，为抢救伤病员赢得最佳、最宝贵的时间。因而，掌握一定的急救知识，把伤害降低到最小，及时、有效地挽救伤病员的生命就显得尤为重要。

一、意外伤害概述

（一）意外伤害的概念

意外伤害是指突然发生的各种事件或事故对人体所造成的损伤，包括各种物理、化学和生物因素造成的损伤。国际疾病分类已将意外伤害单列为一类，其中包括坠落或跌倒、烧伤或烫伤（包括化学和物理烧、烫伤）、窒息、溺水、触电等。据统计，我国每年意外伤害的患者约为 7 000 万人，其中死亡约 80 万人，约占总人数的 11%，位居总死亡原因排序的第 5 位，而且是 0～30 岁的人死亡的首要原因。

（二）意外伤害的特点

1. 非本意的

非本意的是指未能预料到的和非故意的伤害，如飞机坠毁、树木倾倒等情况。有些意外事故是可以预料到但由于疏忽而导致的，如停电时在未切断电源时修理线路，因不久恢复供电而触电身亡。另有一些事故虽是可以预见的，但在客观上是无法抗拒或在技术上不能采取措施避免的，如楼房失火，火封住门口和通道，迫不得已从窗口跳下，摔成重伤；或者虽然在技术上可以采取措施避免，但由于法律和职责上的规

定，要履行应尽义务而不去躲避，如银行职工为保护国家财产在与抢劫银行的歹徒搏斗中受伤。

以上这些均属于意外事故。凡是故意使自己遭受伤害的行为，如自杀、自伤，均不属于意外事故。

2. 外来原因造成的

外来原因造成的是指由于身体外部原因造成的伤害，如食物中毒、失足落水等。疾病所致的伤害不属于意外伤害，它是人体内部生理原因或外部细菌、病毒侵入的结果。

3. 突然发生的

突然发生的是指意外伤害在极短时间内发生，来不及预防，如行人被汽车突然撞倒。铅中毒、硅肺等职业病虽然是外来致害物质对人体的侵害，但由于伤害是逐步造成的，而且是可以预见和预防的，所以不属于意外伤害。

二、应急救护概述

（一）应急救护的概念

应急救护，简称急救，是指在发生意外后有人受伤或有人疾病发作，如急性中毒、外伤或突发性疾病，现场没有医务人员时，为了防止病情恶化，减少患者痛苦和预防休克等，利用当时可以获得的资源及设备，对伤病员进行救治，直至伤病员复原或送往医院。美国急救学顾问委员会的定义：急救是指能够由旁观者（或受害者自己）在最少的或没有医疗装备的条件下采取的评估和干预的方法。

（二）应急救护的特点

1. 突发性

在工作场所中，经常在人们预料之外的突发性事件中出现伤员或病员，有时是少数的，有时是成批的；有时是分散的，有时是集中的。常见伤病员多为垂危者，此时不仅需要在场人员参与急救，还需要呼叫场外更多的人参与急救。

2. 紧迫性

突发性事故发生后，伤病员的病情复杂，可能一人有两个以上的器官同时受损，无论是伤病员还是家属寻求救助的心情都十分急切。抢救工作紧迫，必须分秒必争，对心跳、呼吸骤停者采用复苏技术，对大出血、骨折等病危者，及时采用止血、固定等措施，把他们从生命临危的边缘抢救回来。

3. 艰难性

艰难性是指突发性事故中伤病员病情的种类多、伤情重，一个人身上可能有多个系统、多个器官同时受损，此时需具备丰富的医学知识、过硬的技术才能完成急救任务，然而在实际情况中常常出现伤病员多、伤情急、要求高与知识少的不适应局面。有的事故虽然伤病员比较少，但通常在急救时伤病员身边可能无人，更无专业的医护人员，只能依靠路人提供帮助与急救。

4. 灵活性

工作场所急救常是在缺医少药的情况下进行的，没有齐备的抢救器材、药品和工具。因此，要机动灵活地在伤病员周围寻找替代用品，修旧利废，就地取材，获得冲洗消毒液、绷带、夹板、担架等；否则，就会失去抢救时机，给伤病员造成更大的损伤或危险。

（三）应急救护的基本步骤

应急救护的目的是挽救生命、减轻伤残。应急救护的首要原则是先救命、后治伤。应急救护应按照紧急呼救、切断伤害源、判断伤情和现场救护四大步骤进行。

1. 紧急呼救

当伤害事故发生时，应大声呼救或尽快拨打"120"急救电话和"110"报警电话。紧急呼救必须要用最精练、准确、清楚的语言说明伤病员目前的情况、严重程度、伤病员人数及存在的危险、需要何种急救。

2. 切断伤害源

根据伤害源的不同迅速采取相应的措施，切断伤害源对伤病员的继续伤害，如煤气等有害气体中毒，应迅速将受害者转移到空气流通的场地；电击伤时，应立即切断电源，或者用不导电物体挪开电源，千万不能用手拖拽伤病员；火灾烧伤时，应迅速让伤病员脱离火灾现场，扑灭身体上的火焰；化学物品烧伤时，应迅速冲洗掉沾在皮肤上的化学物品等。

在实际情况下，应急救护与切断伤害源可同时进行。

3. 判断伤情

应急救护前，首先必须了解伤病员的主要伤情，不能忽略和遗漏重要的体征。判断伤情的一般步骤和方法如下。

（1）意识。先判断伤病员意识是否清醒，在呼唤、轻拍、推动时，伤病员有反应则表明伤病员有意识；若无反应，则表明伤病员意识丧失，已陷入危重状态。

（2）气道。如果伤病员有反应但不能说话，不能咳嗽、憋气，那么可能存在气道梗阻现象，必须立即检查和清除，如进行侧卧位和清除口腔异物等。

（3）呼吸。正常人每分钟呼吸 12～18 次，危重伤病员呼吸变快、变浅，甚至不规则，呈叹息状。

（4）瞳孔反应。当伤病员脑部受伤、脑出血、严重药物中毒时，瞳孔可能缩小为针尖大小，也可能扩大到黑眼球边缘，对光线没有反应或反应迟钝。

（5）开放性损伤。对伤病员的头部、颈部、胸部、腹部、盆腔和脊柱、四肢进行检查，看有无开放性损伤、骨折畸形、触痛、肿胀等体征。

4. 现场救护

对于不同的伤情，采用正确的救护体位，运用人工呼吸、胸外心脏按压、紧急止血、包扎等救护技术，对伤病员进行现场救护。

（四）应急救护的原则

现场急救总的任务是采取及时有效的急救措施和技术，最大限度地减少伤病员的痛苦，降低致残率，减少死亡率，为医院抢救打好基础。在急救过程中，必须遵循六条先后次序原则。

1. **先复后固**

先复后固是指遇到既有心跳、呼吸骤停又有骨折的伤病员时，应首先用人工呼吸和胸外按压等技术使心肺脑复苏，直到心跳、呼吸恢复后，再进行骨折的固定。

2. **先止后包**

先止后包是指遇到既有大出血又有创伤病员时，首先应立即用指压、止血带或药物等方法止血，然后再消毒伤口进行包扎。

3. **先重后轻**

先重后轻是指遇到垂危的和伤势较轻的伤病员时，先抢救危重者，后抢救伤势较轻者。

4. **先救后运**

发现伤病员时，应先救后运，就地对伤病员实施急救。除非处在危险环境中，才需要对伤病员进行转移。

5. **急救与呼救并重**

在遇到成批的伤病员，又有多人在现场的情况时，要有序而镇定地分工合作，急救和呼救同时进行，较快争取到外援。

6. **运送与医护一致**

在运送危重伤病员时，应与急救工作步调协调一致，争取时间，在运送途中应继续进行抢救工作，减轻伤病员的痛苦和减少死亡，安全到达目的地。

（五）应急救护的注意事项

救护员在实施急救时，应注意以下事项。

（1）确定伤病员的呼吸道是否被舌头、分泌物或某种异物堵塞。

（2）动作轻缓地检查伤病员，必要时剪开衣服，避免突然挪动增加伤病员的痛苦。

（3）呼吸如果已经停止，必须立即实施人工呼吸。

（4）如果脉搏、心脏停止跳动，那么应立即实施心肺复苏术。

（5）检查有无出血，外伤病员给予初步止血、包扎、固定。

（6）大多数伤病员可以抬送医院，但对于颈部或背部严重受损者则要慎重，以防止其进一步受伤。

（7）让伤病员平卧并保持安静，若有呕吐症状，则应先检查有无颈部骨折的危险，确定无危险后再将其头部侧向一边，以防止噎塞。

（8）在实施急救的同时，请其他人帮忙拨打"120"急救电话，向医疗救护单位求援，在电话中应向对方讲明伤病员受伤或发病的地方，并询问清楚在救护车赶到之前，应该做些什么。

（9）施救者既应安慰伤病员，又应保持镇静，以消除伤病员的恐惧。

（10）不要给昏迷或半昏迷的伤病员喝水，以防液体进入呼吸道而窒息，也不要用拍击或摇动的方式试图唤醒昏迷者。

小贴士

避免交叉感染

在急救过程中，可能会通过血液、体液等对救助者造成交叉感染（交叉感染是指被病原微生物传染后又传给别人）。避免交叉感染应做到以下几点。

（1）避免直接接触伤病员的体液。

（2）使用防护手套，并用防水胶布贴住自己损伤的皮肤。

（3）急救前和急救后都要洗手，并且眼、口、鼻或任何皮肤损伤处，一旦溅上伤病者的血液，应尽快用肥皂和水清洗，并及时医治。

（4）进行口对口人工呼吸时，尽可能使用人工呼吸面罩。

三、拨打急救电话

（一）拨打"120"急救电话

拨打"120"急救电话时要沉着冷静，说话清晰，语言简练，确保接线员听清。

（1）简要说明伤病员的受伤原因、伤情和病情，群体伤要说出受伤人数。例如，三人触电，一人心跳停止等。

（2）详细说明地址，说明事故现场的显著标志物。设法让救护车尽快到达现场，派人等候在路口、大门口、显著标志物前，接应救护车并为急救人员指路。清除影响救护车到达现场的障碍物，夜间要解决照明问题。

（3）告诉联系方式，如固定电话号码、手机号码等，一定要留下能够与事故现场联络的电话号码。若只有固定电话，则应守在电话旁，并避免占线，随时听从医护人员的问路咨询或医疗指导。

（4）不要先挂断电话。要让"120"调度员先挂线，以便回答调度员的提问，保证对方已经完整了解施救所需要的信息，并接受调度员初步急救处理的指导。

（5）保持冷静，为急救人员的到来做好准备。求救人应在伤病员身边陪护等待。救护车出车前，急诊医生一般都会打电话联系求救人，确认伤病员的伤情、病情和事发地点等情况，而且可能会指导现场自救。

（二）拨打"119"火警电话

拨打"119"火警电话和拨打"120"急救电话一样，一定要讲清楚失火的单位全称、地理位置，最好能说清燃烧物质和火源。此外，派人到主要路口接应消防车的到

来，疏通道路，清除消火栓周围的杂物，为消防车尽快进入现场做好准备。

如果有燃料设备、管道在火灾现场或附近，那么应在没有燃气泄漏的地方打电话报警，否则会引起爆炸。

（三）使用救护车的情况

遇到紧急情况，必须及时拨打"120"急救电话，并简要说明伤病员的基本症状及准确方位。待救护车到达后，应向急救人员详细介绍伤病员的病情、伤情及发展过程，以便医护人员采取初步的急救措施。

必须使用急救车的情况有以下几种。

（1）受严重撞击、高处坠落、重物挤压等各种意外情况造成的严重损伤和大出血。

（2）各种原因引起的呕血、咯血、便血等大出血。

（3）意外灾害事故造成人员发病、伤亡的现场，尤其是成批伤病员和群体伤害。

思考与探究

1. 意外伤害的特点有哪些？应急救护的特点又有哪些？

2. 请根据所学内容，填写下表中应急救护的六条先后次序原则。

先 后 次 序	内 容
先复后固	
先止后包	
先重后轻	
先救后运	
急救与呼救并重	
运送与医护一致	

3. 如何进行有效的应急救护？

●●● 模块二　心肺复苏应急救护

学习目标

1. 认识心肺复苏的概念和紧迫性。
2. 掌握实施心肺复苏的步骤与方法。

3. 掌握实施心肺复苏的转移和终止条件。

4. 掌握实施心肺复苏的注意事项。

心肺复苏术是自 20 世纪 60 年代至今长达半个多世纪以来，全球最为推崇也是应用最为广泛的急救技术。在人们的日常生活中，有可能会遇到身边有人出现心脏骤停的紧急情况，心脏骤停会引起全身组织细胞严重缺血、缺氧和代谢障碍，如果不及时抢救，那么会立刻失去生命。学习掌握心肺复苏的方法，能为进一步抢救直至挽回心脏骤停伤病员的生命赢得最宝贵的时间。

典型案例

家在武汉的两姐妹在屋里学习，妈妈在屋外洗菜。突然头顶一声炸雷，妈妈连忙跑进屋，屋里一片漆黑。妈妈摸索了一阵才看清，大女儿倒在地上口吐白沫，小女儿躺在椅子上，身体往后仰着。妈妈一边哭喊一边摇动女儿，但两个孩子都没有反应。大约 3 分钟后，小女儿被唤醒。"醒来后感觉全身像针刺一般疼痛，特别是胸口和大腿，像火烧一样。"妹妹回忆道，接着意识到自己和姐姐可能被雷电击中了。看到妈妈抱着不省人事的姐姐不停地呼唤，妹妹猜测姐姐可能受了重伤。她用手指试了试，发现姐姐的呼吸几乎停止。她想起在学校学习的心肺复苏知识，就一边用双手在姐姐的胸部进行有节奏的按压，一边指导妈妈给姐姐做人工呼吸。经过两人半个小时的急救，姐姐慢慢睁开了双眼。此时赶回家的父亲拨打了"120"急救电话。爸爸背着姐姐，妈妈牵着妹妹冒着风雨下山，坐上急救车来到医院。"雷电直接袭击人体，等于高达十几万安培的电流由人的头顶通过人体到两脚，很可能导致心脏骤停而猝死。"医生说，"心脏骤停 4 分钟内若能进行有效心肺复苏，抢救成活率可达 40% 以上。妹妹的做法是正确的，而且小小年纪能如此冷静非常难得。"

一、认识心肺复苏

（一）心肺复苏

心肺复苏（Cardiopulmonary Resuscitation，CPR）是指当呼吸终止及心跳停止时，在数分钟内采取急救措施，促使心脏、呼吸功能恢复正常，从而保护和促进脑功能的恢复。由于溺水、心脏病、高血压、车祸、触电、药物中毒、气体中毒、异物堵塞呼吸道等事故而导致呼吸终止、心跳停止时，在就医前，均可利用心肺复苏维护脑细胞及器官组织不致坏死。心肺复苏是挽救生命，使其恢复心跳和呼吸，避免脑损伤的一项急救方法。

急救最基本的目的是挽救生命，而危及生命的则是心跳、呼吸骤停。很多原因可以引起心跳、呼吸骤停，但在日常生活中，最为常见的是心脏急症猝死，其他还有诸如触电、溺水、中毒、创伤等急症。如果此时争分夺秒，抓住抢救时机，对处于濒死阶段，即呼吸、心跳即将停止或刚刚停止，或者处于临床死亡阶段（俗称

"假死状态"），而并未进入生物死亡（即"真死状态"）的伤病员来说，挽救其生命（即"复苏"）既是可能的，也是必需的。挽救心跳、呼吸骤停伤病员的方法，即为心肺复苏。

（二）实施心肺复苏的紧迫性

心脏和大脑需要不断地供给氧气。如果中断供氧 3～4 分钟，那么就会造成不可逆性损害。在正常温度下，心跳停止 3 秒钟伤病员感到头昏，10～20 秒伤病员发生昏厥，30～40 秒瞳孔散大，40 秒左右出现抽搐，60 秒后呼吸停止。所以，在某些意外事故中，如触电、溺水、脑血管和心血管意外，一旦发现心跳、呼吸停止，首要的抢救措施就是迅速进行心肺复苏，以保持有效通气和血液循环，保证重要脏器的氧气供应。

大量事实表明，抢救生命的黄金时间是 4 分钟，现场及时施行有效的心肺复苏，可有 50%的概率使伤病员被救活。对于心跳、呼吸骤停的伤病员，心肺复苏成功与否的关键是抢救时间，心肺复苏施行越早，存活率越高。

二、心肺复苏的实施步骤

对呼吸、心脏骤停的伤病员应争分夺秒地进行心肺复苏，实施心肺复苏的具体步骤如下。

（一）判断意识

发现有人倒地，先双手轻拍伤病员的双肩，同时在伤病员耳边大声呼唤："喂，您怎么啦？"若伤病员对呼唤、轻拍无反应，则可判断其无意识。

（二）紧急呼救

当判断伤病员意识丧失时，应请求他人帮助，在原地高声呼救："来人呀！救命啊！我是救护员，请这位先生（女士）快帮忙拨打'120'急救电话，有会救护的请和我一起来救护。"

（三）救援体位

在进行心肺复苏之前，将伤病员仰卧位放到硬质的平面上。如果没有反应的伤病员为俯卧位时，那么应将其放置为仰卧位。如果伤病员没有意识但有呼吸和循环，那么为了防止呼吸道被舌后坠、黏液及呕吐物阻塞导致窒息，对伤病员应采取侧卧体位（复原卧位），分泌物容易从口中引流。体位应稳定，并易于将伤病员翻转到其他体位，保持气道畅通，30 分钟左右，翻转伤病员到另一侧。

救护员应跪于伤病员右手侧，尽量靠近伤病员身体，左膝与伤病员肩平行，双膝距离与救护员肩同宽，有利于实施救护操作。

（四）胸外按压

救护员判断伤病员已无脉搏搏动，或者在危急中不能判断心跳是否停止，脉搏也摸不清时，不要反复检查耽误时间，而要在现场进行胸外心脏按压等及时救护。

救护员用手指轻触伤病员胸部，找寻伤病员的最末一根肋骨，沿着肋骨的边缘轻轻往上移，找到胸骨的位置，将该手的食指及中指并拢，压在胸骨上，再将另一只手的手掌根（切记：不可用手指）置于两指上方，固定在胸骨下三分之一的位置。

将置于下方的两指抽出，平叠于另一只手上，两手指缝合拢，交叠压紧，指尖朝上翘起。

救护员将双臂保持伸直的状态，手掌根固定在胸骨上方，不可移动，切记手臂一定要完全伸直，上身向前倾，使双臂与双掌垂直，不可弯曲。

救护员用肩膀的力量平稳地向下施力，通过交叠的双掌向下压，使成人伤病员的胸骨下降 5～6 cm，然后停止施压（但双掌的位置仍固定）。

救护员应以每分钟 100～120 次的频率进行胸外心脏按压。每次按压后要全部放松，使伤病员胸部恢复到正常位置，但手掌根部不要离开，以免改变按压位置。

📖 知识拓展

儿童、婴儿的心肺复苏

如果是对儿童（1～14 岁）实施心肺复苏，按压方式改为用单手每分钟 100～120 次频率按压，深度只需要 5 cm，其余方法同上。

婴儿的心肺复苏，首先将双手的食指置于二乳头上作为基点，而心脏就在此连线中央偏下，接近胸骨基底处；按压改为食指和中指按压，每分钟 100～120 次频率，深度只需约 4 cm，其余方法同上；口对口人工呼吸时，不仅要包住婴儿的口，而且还要包入婴儿的鼻。

（五）打开气道

伤病员呼吸、心脏骤停后，全身肌肉松弛，口腔内的舌肌也松弛后坠而阻塞呼吸道。采用开放气道的方法，可使阻塞呼吸道的舌根上提，使呼吸道畅通。

救护员用最短的时间，先将伤病员的衣领、领带、围巾等解开，戴上手套迅速清除伤病员口鼻内的污泥、土块、痰、呕吐物等异物，以便呼吸道畅通，再将气道打开。

（六）人工呼吸

应在现场立即给予口对口（口对鼻、口对口鼻）、口对呼吸面罩等人工呼吸救护措施。

1. 口对口人工呼吸

口对口人工呼吸可以给伤病员提供氧气和通气。

为了进行口对口人工呼吸，开放伤病员气道，应捏住伤病员的鼻孔，形成口对口密封状，缓慢持续吹气。

吹气后立即与伤病员口部脱离，抬起头，手松鼻，侧身"正常"吸气（不是深吸气）并观察伤病员的胸部变化。如果呼吸成功，伤病员隆起的胸部会自然下落，并能听到伤病员的呼气声。待伤病员胸部回落到正常位置后，再进行下一次。需要注意的是，脱离后进行正常的吸气较深呼吸能够防止救护员发生头晕。

施行人工呼吸的频率：成人每分钟进行 14～16 次，儿童每分钟进行 20 次。每次吹气 1～1.5 分钟。反复进行，直到伤病员有自主呼吸。

人工呼吸最常见的困难是开放气道，如果伤病员的胸廓在第一次人工呼吸时没有发生起伏，那么应该采用仰头抬颏手法再进行第二次呼吸。

2. 口对鼻人工呼吸法

若不能通过伤病员的口部进行通气（如口受严重创伤，口不能打开，伤病员在水中，或者形成口对口封闭困难时），则可改用口对鼻人工呼吸法。基本步骤和口对口人工呼吸法相同。不同点是：使伤病员口部紧闭；深吸气后，用力向伤病员鼻孔吹气；呼气时，使伤病员口部张开，以利于气体排出。

小贴士

各步骤操作时间

时　间	步　骤	重　点
4～10 秒	判断意识，高声求助，摆放体位	检查时，回忆 CPR 程序
5～10 秒	检查脉搏	不要花费更长时间
30～40 秒	实施胸外心脏按压，人工呼吸	按压定位准确
5 秒	开放气道	必须畅通气道
5～6 秒	口对口吹气	注意胸部隆起
10 秒	检查呼吸、循环体征	如无呼吸、脉搏，继续 CPR

继续 CPR，每 5 个周期（约 2 分钟）停 10 秒检查呼吸、脉搏

三、单人与双人心肺复苏

（一）单人心肺复苏

同一救护员顺次转换口对口人工呼吸及胸外按压。胸部按压数：人工呼吸数=30：2。重复一轮按压和通气后，要检查颈动脉及有无自主呼吸。

（二）双人心肺复苏

由两位救护员各在伤病员一边，分别进行口对口人工呼吸及胸外按压，胸部按压数：人工呼吸数=30：2，要有机衔接。在每次轮换时，两位救护员分别负责检查脉搏和呼吸。

小贴士

心肺复苏的有效表现

如救护员实施心肺复苏救护方法正确，又有以下体征时，表明有效。

（1）面色、口唇由苍白、发绀变红润。

（2）恢复可以探知的脉搏搏动、自主呼吸。

（3）瞳孔由大变小，对光反射恢复。

（4）伤病员眼球能活动，手脚抽动，呻吟。

四、心肺复苏的转移和终止条件

（一）转移

在现场抢救时，争取到的每一秒都关系着伤病员的生与死，尤其在伤病员心脏、呼吸停止的瞬间，更是关键，因此必须争分夺秒地做好心肺复苏。现场心肺复苏应坚持不断地进行，救护员不应频繁更换。即使送往医院途中也应继续进行心肺复苏。心肺复苏中断时间越长，重要脏器的损害就越严重，以至于无法恢复正常的功能，如肾功能衰竭、脑部留有严重后遗症等。

（二）终止

现场的心肺复苏应坚持连续进行，在心肺复苏进行期间，需要检查呼吸、循环体征时，停止也不能超过10秒。但若出现以下情况则可考虑停止。

（1）伤病员自主呼吸及脉搏恢复。

（2）由他人或专业急救人员到场接替。

（3）有医生到场确定伤病员死亡。

（4）救护员精疲力竭不能继续进行心肺复苏。

五、心肺复苏的注意事项

（1）口对口吹气量不宜过大，胸廓稍起伏即可。吹气时间不宜过长，过长会引起急性胃扩张、胃胀气和呕吐。吹气过程要注意观察伤病员气道是否通畅，胸廓是否被吹起。

（2）胸外心脏按压只能在伤病员心脏停止跳动的情况下才能施行。

（3）口对口吹气和胸外心脏按压应同时进行，严格按吹气和按压的比例操作，吹气和按压的次数过多或过少都会影响心肺复苏的成败。

（4）胸外心脏按压的位置必须准确。不准确容易损伤其他脏器。按压的力度要适宜，过于猛烈容易使胸骨骨折，引起气胸、血胸；按压的力度过轻，胸腔压力小，不足以推动血液循环。

（5）施行心肺复苏时应将伤病员的衣扣及裤带解松，以免引起内脏损伤。

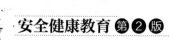

（6）救护时要充满信心，现场救护不要犹豫不决。

（7）对于危重症，千万不能只等待专业人员急救。

（8）不要把时间耗在反复检查心跳、呼吸的过程中。

（9）应使用心肺复苏模型进行心肺复苏术的训练，严禁在健康人身上进行操作训练。

（10）救护员定期参加心肺复苏术培训，巩固应急救护的知识。

思考与探究

1. 心肺复苏术在什么情况下使用？

2. 如何实施心肺复苏？请把具体内容写在下面的表格内。

步　　骤	内　　容
第一步	
第二步	
第三步	
第四步	
第五步	
第六步	
第七步	

3. 心肺复苏的转移和终止条件是什么？

模块三　骨折应急救护

学习目标

1. 了解骨折后的一般表现。

2. 认识骨折应急救护的原则。

3. 重点掌握骨折固定方法。

4. 掌握现场搬运的常用方法。

5. 了解现场搬运的注意事项。

典型案例

一次体育课上，唐汉在奔跑时，突然摔倒了，部分同学看见后趁唐汉起身之机，压在其身体上，玩起叠罗汉的游戏。其间同学王强听见了唐汉撕心裂肺的惨叫后，感到了事态的严重性，立即大声喊叫要求停止游戏，但是同学们并没有理会他的喊叫声，情急之下他叫来了体育老师，及时制止了游戏，可此时唐汉的左腿已经不能动弹，老师立马拨通了"120"急救电话。经医生检查，唐汉的左腿胫腓骨骨折，治疗时间至少3个月。

骨折无论是在平时生活中，还是在运动时都有可能发生。发生骨折后，骨折部位有疼痛及压痛感，并伴有肿胀、瘀斑、畸形等症状。如果伤后怀疑有骨折，那么应先按骨折处理，以免引起严重后果。骨折急救的目的在于用简单而有效的方法抢救生命，保护躯体，预防感染和防止增加损伤，能安全而迅速地护送伤病员，以便进行有效的治疗。

一、认识骨折

（一）骨折与骨折应急救护

骨折是指骨结构的连续性完全或部分断裂。

1. 骨折分类

按骨折端是否与外界相通分为闭合性骨折和开放性骨折。

（1）闭合性骨折：骨折端未刺出皮肤。

（2）开放性骨折：骨折端刺出皮肤。

2. 全身表现

（1）休克。对于多发性骨折、骨盆骨折、股骨骨折、脊柱骨折及严重的开放性骨折，伤病员常因广泛的软组织损伤、大量出血、剧烈疼痛或并发内脏损伤等而引起休克。

（2）发热。骨折处有大量内出血，血肿吸收时体温略有升高，但一般不超过38℃，开放性骨折体温升高时应考虑感染的可能。

3. 骨折的特有体征

（1）畸形。骨折端移位可使患肢外形发生改变，主要表现为缩短、成角、延长。

（2）异常活动。正常情况下肢体不能活动的部位，骨折后出现不正常的活动。

（3）骨擦音或骨擦感。骨折后两骨折端相互摩擦撞击，可产生骨擦音或骨擦感。

以上三种体征只要发现其中之一即可确诊，但未见此三种体征者也不能排除骨折的可能，如嵌插骨折、裂缝骨折。一般情况下不要为了诊断而检查上述体征，因为这会加重损伤。

（二）骨折现场急救原则

一旦怀疑有骨折，应尽量减少伤处的活动。骨折后急救有以下五个原则。

1. 抢救生命

严重创伤现场急救的首要原则是抢救生命。如果发现伤病员心跳、呼吸已经停止或濒于停止，那么应立即进行胸外心脏按压和人工呼吸。昏迷伤病员应保持其呼吸道畅通，及时清除其口、咽部异物。开放性骨折伤口处如有大量出血，一般可用敷料加压包扎止血。严重出血者若使用止血带止血，则一定要记录开始使用止血带的时间，每隔 30 分钟应放松 1 次（每次 30～60 秒），以防肢体缺血坏死。如遇以上有生命危险的骨折伤病员，应快速送往医院救治。

2. 伤口处理

开放性伤口的处理除了及时恰当地止血，还应立即用消毒纱布或干净布包扎伤口，以防伤口被污染。伤口表面的异物要取掉，外露的骨折端切勿推入伤口，以免污染深层组织。有条件者，最好用高锰酸钾等消毒液冲洗伤口后再包扎、固定。

3. 简单固定

现场急救时，及时正确地固定断肢，可减少伤病员的疼痛及周围组织继续损伤，同时也便于伤病员的搬运和转送。但急救时的固定是暂时的。因此，应力求简单而有效，不要求对骨折准确复位；开放性骨折有骨端外露者更不宜复位，而应原位固定。急救现场可就地取材，如木棍、板条、树枝、手杖或硬纸板等都可作为固定器材，其长短以固定住骨折处上下两个关节为准。如果找不到固定的硬物，那么也可用布带直接将伤肢绑在身上，骨折的上肢可固定在胸壁上，使前臂悬于胸外；骨折的下肢可同健肢固定在一起。

4. 必要止痛

如果是严重创伤，那么强烈的疼痛刺激可引起休克，因此，应给予必要的止痛药，如口服止痛片，也可注射止痛剂，如吗啡 10 mg 或哌替啶 50 mg；但有脑、胸部损伤病员不可注射吗啡，以免抑制呼吸中枢。

5. 安全转运

经以上现场救护后，应将伤病员迅速、安全地转运到医院救治。转运途中要注意动作轻稳，防止震动和碰坏伤肢，以减少伤病员的疼痛；注意保暖和适当的活动。

（三）骨折固定方法

1. 上臂骨折固定法

手臂屈曲，夹板放在内外侧，绷带包扎固定，然后用三角巾悬吊伤肢，如图 5-3-1 所示。

2. 前臂骨折固定法

先将木板或厚纸板用棉花垫好，放在伤肢前后侧，用布带包扎，肘关节屈曲 90°，再用三角巾悬吊伤肢，如图 5-3-2 所示。

图 5-3-1　上臂骨折固定法

图 5-3-2　前臂骨折固定法

3. 大腿骨折固定法

将伤肢拉直，夹板放在内外侧，外侧夹板长度上至腋窝，下至脚跟，内侧夹板较短，放至大腿根部，关节处垫好棉花，然后用绷带或三角巾固定。如果现场无夹板可用，那么可将伤肢与健肢并排摆正，用三角巾缠绕固定，如图 5-3-3 所示。

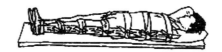

图 5-3-3　大腿骨折固定法

4. 小腿骨折固定法

取等长的两块木板，内侧木板应从大腿根部至足内侧，外侧木板与内侧对应，同样用棉花、布条包裹，然后用绷带、绳索、布条固定。无木板时可临时将健康下肢当作木板与伤肢捆在一起达到固定的目的，如图 5-3-4 所示。

图 5-3-4　小腿骨折固定法

5. 锁骨骨折固定法

丁字夹板放置背后肩胛骨上，骨折处垫上棉垫，然后用三角巾绕肩两周系在板上，夹板端用三角巾固定好，如图 5-3-5 所示。

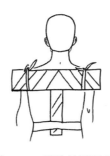

图 5-3-5　锁骨骨折固定法

6. 脊椎骨折固定法

脊椎骨折往往病情严重，严禁不经固定而搬动。应在保持脊柱稳定的情况下，将伤病员轻巧平稳地移至硬板担架上，用三角巾固定。切忌扶持伤病员走动或躺在软担架上，如图 5-3-6 所示。

图 5-3-6 脊椎骨折固定法

7. 肋骨骨折固定法

发生肋骨骨折时，首先要观察伤病员的伤势，判断是单纯性骨折还是多发性骨折，根据情况采取适当的急救方法。单纯性骨折只有肋骨骨折，胸部无伤口，局部有疼痛，呼吸急促，皮肤有血肿。将伤病员局部用多层干净布、毛巾或无菌纱布盖住，并加压包扎。如果伤病员是多发性肋骨骨折，吸气时胸廓下陷，胸部多有伤口，剧痛，呼吸困难，常并发血胸和气胸，若抢救不及时则很快会死亡。将伤病员胸部用宽布绕胸腔半径固定住即可，防止再受伤害。

小贴士

发生骨折，不要揉捏

跌伤、摔伤造成骨折是常见的，有的人为减轻疼痛，习惯用手揉捏伤处。要知道，骨折后乱揉捏可能会造成十分严重的后果，如可能会发生截瘫、刺破血管引起内出血、损伤四肢神经、加重休克、造成骨缺血性坏死等。

骨折后，乱揉捏不仅危险，而且还为正常治疗带来诸多困难，并直接关系到骨折部位的愈合和康复。因此，一旦发生严重的跌伤和摔伤，尤其是伤病员无法动弹时，最好的办法是让伤病员安静躺着，马上联系急救车，送往医院就诊。

（四）骨折应急救护注意事项

伤病员被瓦砾、土方等压住时，不要强行硬拉暴露在外面的肢体，以防加重血管、脊髓、骨折的损伤。

在进行现场包扎固定时，不要把外露的骨头复位，只包扎固定即可；对前臂或小腿固定时，手和脚要露在外面，不要一起包扎；疑似脊柱骨折患者，要使用担架搬运，不能一个人背，防止加重脊柱受伤。

二、了解现场搬运

典型案例

一位学生从楼梯上掉下来摔伤后，周围的同学自作主张地将其背起，打车去医院。由于盲目搬运，结果使伤病员的脊柱骨折恶化为脊柱移位，加重了病情。

（一）现场搬运

搬运伤病员的方法是工作现场急救的重要技术之一。搬运的目的是使伤病员迅速脱离危险地带，纠正当时影响伤病员的病态体位，以减少伤病员的痛苦，减少再受伤害，安全迅速地送往医院治疗。搬运伤病员的方法应根据当地、当时的器材和人力而选定。

（二）现场搬运常用方法

1. 徒手搬运

（1）单人搬运法。适用于伤势比较轻的伤病员，采取扶持、抱、背的搬运法，如图 5-3-7～图 5-3-9 所示。

图 5-3-7 扶持　　　　图 5-3-8 抱　　　　图 5-3-9 背

（2）双人搬运法。一人搬托双下肢，一人搬托腰部。在不影响伤病员伤势的情况下，还可用椅式、轿式和拉车式搬运法，如图 5-3-10～图 5-3-12 所示。

图 5-3-10 椅式

图 5-3-11 轿式

图 5-3-12 拉车式+

（3）三人搬运法。对疑有胸、腰椎骨折的伤病员，应由三人配合搬运。一人托住肩胛骨，一人托住臀部和腰部，另一人托住两下肢，三人同时把伤病员轻轻抬放到硬板担架上。

（4）多人搬运法。两人专管头部的牵引固定，使头部始终保持与躯干成直线的位置，维持颈部不动；两人托住臂背，两人托住下肢，协调地将伤病员平直地放在担架上。六人可分成两排，面对面站立，将伤病员抱起。

2. 担架搬运

担架搬运如图 5-3-13 所示。在没有现成的担架而又需要担架搬运伤病员时需要自制担架，如图 5-3-14 所示。

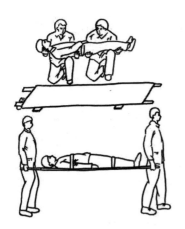

图 5-3-13 担架搬运

图 5-3-14 自制担架

（1）用木棍制担架。用两根长约 2.3 m 的木棍或竹竿绑成梯子形状，中间用绳索来回绑在两根长棍之中即成。

（2）用上衣制担架。用上述两根等长的木棍或竹竿穿在两件上衣的袖筒中即成。此法常在没有绳索的情况下使用。

（3）用椅子代担架。两把扶手椅对接，用绳索固定对接处即成。

3. 车辆搬运

车辆搬运受气候影响小、速度快，能及时将伤病员送往医院抢救，尤其适合较长距离的运送。轻伤者可坐在车上，重伤者可躺在车里的担架上。重伤者最好用救护车运送，缺少救护车的地方，可用汽车运送。上车后，胸部伤病员取半卧位，颅脑伤病员应使头偏向一侧。上述无论哪种运送伤病员的方法，在途中都要稳妥，切忌颠簸。

 **知识拓展**

几种严重伤情的搬运方法

1. 昏迷时搬运

昏迷时搬运要重点保护头部，伤病员在担架上应采取半俯卧位，头部侧向一边，以免呕吐时呕吐物阻塞气道而窒息，若有暴露的脑组织应予以保护。抬运时应两人以上，抬运前头部垫软枕，膝部、肘部要用衣物垫好，头颈部两侧垫衣物使颈部固定。

2. 脊柱骨折搬运

对于脊柱骨折的伤病员，一定要用木板制作的硬担架抬运。应由 2～4 人使伤病员从一线起落，步调一致，切忌一人抬胸，一人抬腿。伤病员放到担架上以后，要让其平卧，腰部垫一个软垫，然后用 3～4 根布带把伤病员固定在木板上，以免在搬运中滑动或跌落，造成脊柱移位或扭转，刺激血管和神经，使下肢瘫痪。无担架、木板，需众人用手搬运时，抢救者必须有一人双手托住伤病员腰部，且不能单独一人用拉、拽的方法抢救伤病员，否则易把伤病员的脊柱神经拉断，造成下肢永久性瘫痪的严重后果。

3. 颈椎骨折的搬运

搬运颈椎骨折伤病员时，应由一人稳定头部，其他人以协调力量平直抬放在担架上，头部左右两侧用衣服、软枕加以固定，防止左右摆动。

（三）现场搬运注意事项

（1）在搬运转送之前，要先做好对伤病员的检查并完成初步的急救处理，以保证转运途中的安全。

（2）运送时尽可能不摇动伤病员的身体。

（3）运送伤病员时，随时观察呼吸、体温、出血、面色变化等情况，注意伤病员姿势，给伤病员保暖、防暑。

（4）在人员、器材未准备完善时，切忌随意搬动。

（5）搬运行进中，动作要轻，脚步要稳，步调要一致，避免摇晃和震动。

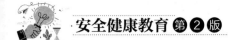
思考与探究

1. 骨折后的表现有哪些？
2. 骨折固定针对不同的部位有哪些方法？
3. 在搬运伤病员时，如果没有担架，该怎么办？

模块四   止血应急救护

学习目标

1. 了解出血的类型。
2. 重点掌握止血的方法。

血液是维持生命的重要物质，成年人血容量约占体重的 8%，即 4 000～5 000 mL。出血量为总血量的 20%（800～1 000 mL）时，会出现头晕、脉搏增快、血压下降、出冷汗、肤色苍白、少尿等症状；出血量达总血量的 40%（1 600～2 000 mL）时，就有生命危险。出血伤病员的急救，只要稍拖延几分钟就会危及生命。因此，创伤出血是最需要急救的危重症之一。

典型案例

拾荒人吴老汉推着手推车在大雨中赶路时，不慎被车上的玻璃划断了右脚大动脉。危急关头，众多好心市民不避血污，伸出援助之手，有的伸手捂住伤口，有的扎止血带，还有的找来止血药物，闻讯赶到的"120"救护车将其送到附近医院抢救。吴老汉最终脱离生命危险。医生说："幸亏众多市民伸出援助之手为抢救赢得了宝贵时间。"

一、认识出血

创伤出血分为内出血和外出血，外出血是现场急救的重点。

1. 内出血

内出血主要从两方面判断。一是从吐血、咯血、便血或尿血情况，判断胃肠、肺、肾或膀胱有无出血；二是根据有关症状判断，如出现面色苍白、出冷汗、四肢发冷、脉搏较弱及胸、腹部有肿块、疼痛等，这些是重要脏器如肝、脾、胃等的常见出血体征。

2. 外出血

（1）动脉出血。因创伤所致动脉破裂时，血流呈鲜红色，喷射状流出，有搏动，出血量大，速度快，危害性大。

（2）静脉出血。因创伤所致静脉破裂时，血色暗红，缓慢流出。

（3）毛细血管出血。血液从受伤面向外渗出呈水珠状，血色鲜红，缓慢渗出。

若当时能鉴别，对选择止血方法有重要作用，但有时受现场光线等条件的限制，往往难以区分。现场止血法有很多种，使用时要根据具体情况，可选用其中一种，也可以把几种止血法结合应用，以达到最快、最有效、最安全的止血目的。

二、认识止血

（一）直接压迫止血法

直接压迫止血法适用于较小伤口的出血，用无菌纱布直接压迫伤口处止血。

小贴士

割伤处理方法

可用消毒棉或纱布把伤口清理干净，小心取出伤口中的玻璃或固体物，然后将红药水涂在伤口的创面上。若伤口较脏，可用 3%过氧化氢擦洗或用碘酊涂在伤口的周围。但要注意，不能将红药水和碘酊同时使用。伤口消毒后敷上消炎粉，并加以包扎。如果割伤较为严重，那么应去医院进行缝合，打破伤风针。

（二）加压包扎止血法

加压包扎止血法适用于各种伤口，是一种比较可靠的非手术止血法。先用无菌纱布覆盖压迫伤口，再用三角巾或绷带用力包扎，包扎范围应该比伤口稍大。这是目前最常用的一种止血方法，在没有无菌纱布时，可使用消毒餐巾等替代。

（三）填塞止血法

填塞止血法适用于颈部和臀部大而深的伤口。例如，颈部创伤出血，先用镊子夹住无菌纱布塞入伤口内，若一块纱布止不住出血，则可再加一块纱布，最后用绷带或三角巾绕颈部至对侧臂根部包扎固定。颅脑创伤引起的鼻、耳、眼等处出血不能用填塞止血法。

（四）止血带止血法

止血带止血法只适用于四肢大出血，当其他止血法不能止血时采用此法。止血带有橡皮止血带（橡皮条和橡皮带）、气性止血带（如血压计袖带）和布制止血带。使用止血带时需注意以下几点。

（1）部位。上臂创伤大出血应扎在上臂上 1/3 处，前臂或手大出血应扎在上臂下 1/3 处，不能扎在上臂中 1/3 处，因为该处神经走行贴近肱骨，易被损伤。下臂创伤大出血应扎在股骨中下 1/3 交界处。

（2）衬垫。使用止血带的部位应该有衬垫，否则会损伤皮肤。止血带可扎在衣服外面，把衣服当衬垫。

（3）松紧度。应以出血停止，远端摸不到脉搏为合适。过松达不到止血目的，过紧则会损伤组织。

（4）时间。使用止血带一般不应超过 5 个小时，原则上每小时要放松一次，放松时间为 1～2 分钟。

（5）标记。使用止血带者应有明显标记贴在前额或胸前易发现的部位，写明时间。如果立即送往医院，那么可以不写标记，但必须当面向医院值班人员说明扎止血带的时间和部位。

（五）绞紧止血法

把三角巾折成带形，打一个活结，取一根小棒穿在带形外侧绞紧，然后再将小棒插在活结小圈内固定，如图 5-4-1 所示。

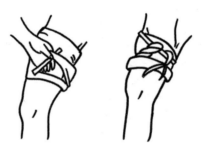

图 5-4-1　绞紧止血法

（六）屈膝加垫止血法

当前臂或小腿出血时，可在肘窝、腘窝内放入纱布垫、棉花团或毛巾、衣服等物品，屈曲关节，用三角巾"8"字形固定。但有骨折或关节脱位者不能使用，如图 5-4-2 所示。

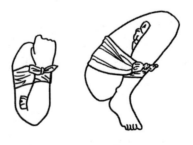

图 5-4-2　屈膝加垫止血法

知识拓展

"就地取材"快速止血

在使用刀具的厨房、工作地点经常会出现流血的意外事故，然而在匆忙的情况下很难找到医务人员用来止血的无菌敷料、气囊止血带、表带止血带等专业止血材料。实际上，在突发意外时，完全可以"就地取材"，使用清洁的三角巾、毛巾、手绢、衣物等充当临时止血材料。

特别需要注意的是，进行止血时，严禁使用电线、铁丝、绳子等代替止血带。另外，无论使用哪种止血带都要记录时间，注意定时放松，防止肢体损伤。

以胸腹部创伤处理为例，当发生利器刺入胸、腹部或出现肠管外脱事故时，不能随便处理，以免因出血过多或脏器严重感染而危及伤病员生命。已经刺入胸、腹部的利器，千万不要自己取出，若拔出刺入胸、腹部的利器，则会造成伤病员大出血，危及生命。此时应就近找材料固定利器，并立即将伤病员送往医院。因腹部创伤造成肠管脱出体外时，千万不要将脱出的肠管送回腹腔，若自行将肠管送回腹腔，则极易造成严重感染。应在脱出的肠管上覆盖消毒纱布或消毒布类，再用干净的碗或盆扣在伤口处，用绷带或布带固定，迅速送往医院抢救或及时拨打"120"急救电话。

三、预防

（1）不宜在高低不平的场地运动锻炼，体育运动中要求严格遵守运动规则和技术规范，力戒粗野，同时还要加强自我防护，始终遵循安全第一的原则。

（2）搬运、接触尖锐铁器、玻璃仪器、刀具时应谨慎；进出低矮门窗、夜间摸黑上下床及高空作业、攀高时要缓慢行进并了解障碍物的位置；宿舍内床铺、桌椅损坏时应及时修理。

（3）不能拿刀开玩笑。同学间矛盾不能激化，以"和为贵"为原则，决不要挑衅闹事，制造事端。

思考与探究

1. 出血的类型有哪些？

2. 常用的止血法有哪些？

3. 在日常生活中，当遇到出血严重的伤病员，但是身边没有医用的止血工具时，该如何救治伤病员？

●●● 模块五 触电事故的防护与应对

学习目标

1. 了解与触电事故有关的概念和知识。
2. 掌握触电事故的预防方法。
3. 掌握对触电者进行急救的措施。

随着科学技术及工业社会的迅速发展，如今各行各业都已离不开电。电是一种看不见、摸不着的能量，给人们带来了诸多好处和便利。同时，虽然电气化日趋普及，但很多从业人员对电的特性不够了解，对电的危险性认识不足，缺乏应有的安全用电的基本常识，不懂得用电的标准和规范。无疑，由此会引发电气事故，对人体构成多种伤害，甚至发生触电伤亡等重大事故。触电事故是由于人体接触电源，电流通过人体，轻者可使机体组织损伤和功能障碍，重者甚至死亡。关于触电事故的知识、如何预防触电事故的发生、如何对触电者进行急救等，我们应该有更多的认识、了解与掌握。

一、对触电事故的认识

触电事故，是指人体触及带电体（或过分接近高压带电体）时，由于电流流过人体而造成的人体外损伤或内损伤的伤害事故。触电可造成体表入口和出口伤，均由电能通过身体产生的热能所致。当电流通过人体时，会引起针刺感、痉挛、疼痛、血压升高、昏迷、心律不齐、心室颤动等症状，严重时会引发死亡的悲剧。

（一）触电事故发生的原因

常见触电事故的原因为电气线路、设备检验中措施不落实；电气线路、设备安装不符合安全要求；非电工任意处理电气事务；接线错误；移动长、高金属物体触碰高压线；在高位作业（天车、塔、架、梯等）误碰带电体或误送电、触电并坠落；操纵漏电的机器设备或使用漏电的电动工具（包括设备、工具等无接地、接零保护措施）；设备、工具已有的保护线中断；电钻等手持电动工具电源线松动；水泥搅拌机等机械的电机受潮；打夯机等机械的电源线磨损；浴室电源线受潮；移动带电源设备时损坏电源绝缘；电焊作业者穿背心、短裤，不穿绝缘鞋，汗水浸透手套，焊钳误碰自身，湿手操纵机器按钮等；由狂风、暴雨、雷击等自然灾害造成；现场临时用电管理不善；人的蛮干行为（包括盲目闯进电气设备遮栏内；搭棚、架等作业中，用铁丝将电源线与构件绑在一起；遇损坏落地电线用手拿等）。

（二）触电事故发生的规律

触电事故往往发生得很突然，而且在极短的时间内造成极为严重的后果。从触电事故的发生频率来看，有以下规律。

（1）触电事故季节性明显。相对来说，每年的第二、三季度事故多，6～9 月最为集中。首先，这段时间不但天气较炎热，人体衣单而多汗，而且多雨、潮湿易造成电气设备绝缘性能降低，所以触电的可能性和危险性就比较大。其次，这段时间在大部分农村都是农忙季节，农村用电量增加，触电事故因而增多。

（2）中青年电工及非电工、合同工和临时工触电事故多。中青年电工和非电工、合同工、临时工是接触电气设备的一线操作人员，由于经验不足，缺乏电气安全知识，或操作程序不规范、操作动作不熟练，而且有些人还缺乏责任意识，此类人易发生触电事故。

（3）低压设备和携带式设备、移动式设备触电事故多。一般情况下，由于低压设备远多于高压设备，与之接触的人又比较缺乏电气安全知识，低压触电事故远多于高压触电事故。携带式设备、移动式设备经常需要操作人员紧握使用，需要经常移动，可以说其工作条件较差，因此容易发生故障。

（4）电气连接部位触电事故多。电气事故多发生在分支线、接户线、地爬线、接线端、压线头、焊接头、电线接头、电缆头、灯座、插头、插座、控制器、开关、接触器、熔断器等处。这些连接部位机械性、牢固性较差，电气可靠性也较低，因此容易出现故障。

（5）冶金、矿业、建筑、机械行业触电事故多。由于这些行业有诸如潮湿、高温、现场情况复杂、移动式设备与携带式设备多和现场金属多等许多不利因素存在，因此触电事故较多。

（6）农村地区触电事故多。据调查，农村的触电事故约为城市的 3 倍。这主要是由于农村地区用电条件差、设备简陋、人员技术水平低、管理不严、电气安全知识缺乏等，因此发生的触电事故也相对较多。

（7）错误操作和违章作业造成的触电事故多。大量触电事故的统计资料表明，有85%以上的触电事故是由错误操作和违章作业造成的，其原因主要是安全教育不够、安全制度不严、安全措施不完善和操作者素质不高（作业时常常疏忽大意、不按照步骤和规章进行）等。

小贴士

触电事故的规律不是一成不变的。在一定的条件下，触电事故的规律也会发生一定的变化。例如，低压触电事故多于高压触电事故的说法在一般情况下是成立的，但对于专业电气工作人员来说，情况往往是相反的。因此，人们应当在实践中不断分析和总结触电事故发生的规律，为更好地完成电气安全工作积累一定的经验。

（三）触电事故的分类及伤害

1. 按照能量施加方式分类

按照能量施加方式的不同，可分为电击和电伤。

（1）电击。电击是指强大的电流接触人体，人体吸收外部能量受到的伤害。因为电流可通过人体的组织伤及器官，如心脏、中枢神经系统和肺部，使它们的功能发生障碍而造成人身伤亡。电击是全身伤害，当人体遭受数十毫安工频电流电击时，时间稍长即会致命，但一般不在人身表面留下大面积明显的伤痕，绝大多数（85%以上）的触电死亡事故都是由电击造成的。按照发生电击时电气设备的状态，电击又可分为直接接触电击和间接接触电击。

① 直接接触电击是指人体触及正常运行的设备和线路的带电体发生的电击（如误触接线端而发生的电击），也称为正常状态下的电击。

② 间接接触电击是指人体触及正常状态下不带电，而当设备或线路故障时意外带电的带电体发生的电击（如触及漏电设备的外壳），也称为故障状态下的电击。

（2）电伤。电伤是指电流转变成其他形式的能量造成的人体伤害，包括电能转化成热能造成的电弧烧伤、灼伤和电能转化成化学能或机械能造成的电印记、皮肤金属化及机械损伤、电光眼等。电伤伤害是局部性伤害，在人体表面留有明显的伤痕。

① 电弧烧伤。电弧烧伤是当电气设备的电压较高时产生的强烈电弧或电火花烧伤人体，甚至击穿人体的某一部位，而使电弧电流直接通过内部组织或器官，造成深部组织烧伤，一些部位或四肢烧焦。电弧烧伤一般不会引起心脏纤维性颤动，较为常见的是人体由于呼吸麻痹或人体表面的大范围烧伤而死亡。

② 电烧伤。电烧伤又称电流灼伤，是人体与带电体直接接触，电流通过人体时产生的热效应的结果。在人体与带电体的接触处，接触面积一般较小，电流密度可达到很大数值，又因为皮肤电阻较体内组织电阻大许多倍，所以通常会在接触处产生很大的热量，致使皮肤烧伤。只有在大电流通过人体时才可能使内部组织受到损伤，但高频电流造成的接触灼烧可使内部组织严重损伤，但皮肤却仅有轻度损伤。

③ 电标志。电标志也称电流痕迹或电印记。它是由于电流流过人体时，在皮肤上留下的青色或浅黄色瘢痕，常以小伤口、疣、皮下出血、茧和点刺花纹等形式出现，其形状多为圆形或椭圆形，有时与所触及的带电体形状相似。受雷电击伤的电标志图形颇似闪电状。电标志经治愈后皮肤上层坏死部分脱落，皮肤恢复原来的色泽、弹性和知觉。

④ 皮肤金属化。皮肤金属化常发生在带负荷拉断路开关或闸刀开关所形成的弧光短路的情况下。此时，被熔化了的金属微粒随意向四处飞溅，若撞击到人体裸露部分，则渗入皮肤上层，形成表面粗糙的烧伤。经过一段时间后，损伤的皮肤完全脱落。若在形成皮肤金属化的同时伴有电弧烧伤，则情况就会严重些。皮肤金属化的另一种原因是人体某部位长时间紧密接触带电体，使皮肤发生电解作用，一方面电流把金属粒子带入皮肤中，另一方面有机组织液被分解为碱性和酸性离子，金属

离子与酸性离子化合成盐，呈现特殊的颜色。所以，根据颜色就可以知道皮肤内含有哪种金属。

⑤ 机械损伤。机械损伤是指电流通过人体时产生的机械－电动力效应，使肌肉发生不由自主地剧烈抽搐性收缩，致使肌腱、皮肤、血管及神经组织断裂，甚至使关节脱位或骨折。

⑥ 电光眼。电光眼是指眼球外膜（角膜或结膜）发炎。起因是眼睛受到紫外线或红外线照射，4～8 小时后发作，眼睑皮肤红肿，结膜发炎，严重时角膜透明度受到破坏，瞳孔收缩。

小贴士

虽然把触电事故所造成的伤害分为电击和电伤两种，但事实上触电过程是比较复杂的。在很多情况下，电击和电伤往往是同时发生的，但大多数触电死亡是由电击造成的。

2. 按照触电的方式分类

按照触电方式的不同，可分为单相触电、双相触电、高压电弧触电和跨步电压触电。

（1）单相触电。当人体站立地面，手部或身体的其他部位直接碰触带电体其中的一相时，电流通过人体流入大地，这种触电现象称为单相触电，也称单线触电。对于高压带电体，人体虽未直接接触，但由于超过了安全距离，高电压对人体放电，造成单相接地而引起的触电，也属于单相触电，如图 5-5-1 所示。

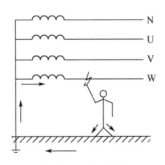

图 5-5-1　单相触电

（2）双相触电。当人体的不同部位同时接触带电设备或线路中的两相导体，或者在高压系统中，人体同时接近不同相的两相带电导体时，发生电弧放电，电流从一相导体通过人体流入另一相导体，构成一个闭合回路，这种触电方式称为双相触电，也称双线触电，如图 5-5-2 所示。发生双相触电时，作用于人体上的电压等于线电压，双相触电的危险性大于单相触电。

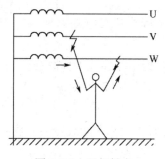

图 5-5-2　双相触电

（3）高压电弧触电。当人体靠近高压线（高压带电体）时，造成弧光放电。电压越高，对人体的危害性越大。

（4）跨步电压触电。当电气设备发生接地故障，接地电流通过接地体或碰地处而向大地流散开去，由此在地面上呈现出不同的电位分布。若人在接地适中点周围行走时，人的两脚会站在带有不同电位的地面上，其两脚之间的电位差就是跨步电压。此时，人体的各部位虽然没有直接接触电线，但由于两脚之间有电位差，人体内便有电流通过，从而引起人体触电，即为跨步电压触电，如图 5-5-3 所示。由于跨步电压随着接地极的距离增加呈衰减趋势，因此超过 20 m 时，跨步电压即为零。

图 5-5-3　跨步电压触电

（四）影响人体受伤害程度的有关因素

触电事故会对人体造成不同程度的伤害，轻伤的症状如触电部位起水疱，组织受损，损伤重的皮肤烧焦，甚至骨折，肌肉、肌腱断裂，能发现两处伤口；重伤的症状如抽搐、休克、心律不齐、内脏破裂、功能紊乱等，触电者当时也可出现呼吸、心跳停止的症状，危及生命。总体来说，触电者受伤害的程度受到以下各方面因素的影响。

（1）电流的大小。通过人体的电流越大，人体的生理反应越明显，危险就越大。

（2）通电时间。通电时间越长，越容易引起心室颤动，危险性也就越大。

（3）电流途径。电流流经的途径不同，对人体造成的伤害也不同。

（4）电流种类。我国目前使用的交流电流称为工频电流，此外，还有直流电流、高频电流、冲击电流和静电电荷，它们都会对人体产生不同程度的伤害。

（5）人体健康状况。身体的强壮程度与受伤害程度成反比，即身体越强壮，受电流伤害的程度越轻。因此，触电时，女性往往比男性受伤害更严重，儿童比成年人更危险，患病的人比健康的人遭受电击的危险性更大。

二、触电事故的预防

绝大多数职业的从业者都要接触电气设备，为了防止触电和其他电气事故应注意以下几点。

（一）防止接触带电部件

防止人体与带电部件的直接接触，从而降低触电的可能性。绝缘、屏护和安全间距是最常采用的安全措施。

（1）绝缘。如果电线的绝缘皮剥落，那么应使用不导电的绝缘材料把带电体封闭起来，这是防止直接触电的基本保护措施。但要注意绝缘材料的绝缘性能与设备的电压、载流量、周围环境、运行条件相符合，不能用医用胶布代替，更不能用尼龙纸包扎。

（2）屏护。采用遮拦、护罩、护盖、箱闸等把带电体同外界隔离开来。此种屏护用于电气设备不便于绝缘或绝缘不足以保证安全的场合，是防止人体接触带电体的重要措施。

（3）安全间距。为防止人体触及或接近带电体，防止车辆等物体碰撞或过度接近带电体，在带电体与带电体、带电体与地面、带电体与其他设备（设施）之间，皆保持一定的安全距离。间距的大小与电压高低、设备类型、安装方式等因素有关。

（二）防止电气设备漏电伤人

电气设备的外壳应该保护性接地或接零，因为保护接地和保护接零是防止间接触电的基本技术措施。

（1）保护接地。即将正常运行的电气设备不带电的金属部分和大地紧密连接起来。其原理是通过接地把漏电设备的对地电压限制在安全范围内，防止触电事故。保护接地适用于中性点不接地的电网中，电压高于 1 000 V 的高压电网中的电气装置外壳，也应采取保护接地。

（2）保护接零。即在 380 V/220 V 三相四线制供电系统中，把用电设备在正常情况下不带电的金属外壳与电网中的中性线紧密连接起来。其原理是在设备漏电时，电流经过设备的外壳和中性线形成单相短路，短路电流烧断熔丝或使自动开关跳闸，从而切断电源，消除触电危险。保护接零适用于电网中性点接地的低压系统中。

（三）采用安全电压

根据生产和作业场所的特点，采用相应等级的安全电压，是防止发生触电伤亡事故的根本性措施。国家标准《特低电压（ELV）限值》（GB/T 3805—2008）规定我国安全电压额定值的等级为 42 V、36 V、24 V、12 V 和 6 V，应根据作业场所、操作员条件、使用方式、供电方式、线路状况等因素选用。安全电压有一定的局限性，适用于小型电气设备，如手持电动工具等。

（四）漏电保护装置

漏电保护装置又称触电保安器，在低压电网中发生电气设备及线路漏电或触电时，它可以立即发出报警信号并迅速自动切断电源，从而保护人身安全。漏电保护装置按动作原理可分为电压型、零序电流型、漏电电流型和中性点型四类，其中电压型和零序电流型应用较为广泛。

（五）合理使用防护用具

在电气作业中，合理匹配和使用绝缘防护用具，对防止触电事故，保障操作人员在生产过程中的安全具有重要意义。绝缘防护用具可分为两类：一类是基本安全防护用具，如绝缘棒、绝缘钳、高压验电笔等；另一类是辅助安全防护用具，如绝缘手套、绝缘鞋、绝缘台、橡胶垫等。

（六）注意安全用电细节

不乱装乱拆电气设备，不乱接导线，不把电线直接插入插座内用电；认识和了解电源总开关；使用电气设备前必须检查线路、插头、插座、漏电保护装置是否完好，电气使用完毕后应拔掉电源插头；电线的绝缘皮一旦剥落，要及时更换新线或用绝缘胶布包好；不要在开关、熔丝盒和电线附近放置油类、棉花、木屑等易燃物品；识别"当心触电"的安全标志，在挂有标志的地方操作时，要加倍注意防止触电；避免在潮湿的环境中使用电气设备，更不能让电气设备淋湿、受潮或在水中浸泡，以免发生短路和触电事故，造成人身伤亡。

（七）定期检查、维修和保养电气设备

要定期巡查和检修电气设备，消除电气设备内部故障及隐患，对不能修复的设备，应及时更换，不能"带病"运行；在清洁、维修和保养设备的过程中，要及时切断电源，严禁带电作业；电气部位的安装、维修等应由培训合格、持证上岗的专业人员负责。

（八）安全用电组织措施

安全用电组织措施包括制订安全用电措施计划和规章制度，进行安全用电检查和

培训，组织事故分析，建立安全资料档案等。为了防止触电事故的发生，除了技术方面的措施，组织管理措施同样必不可少。

知识拓展

保护接地与保护接零的区别

保护接地与保护接零这两种接线方式都为保护人身安全起着重要作用，二者之间的主要区别如下。

（1）保护原理不同。保护接地是限制设备漏电后的对地电压，使之不超过安全范围。在高压系统中，保护接地除限制对地电压外，在某些情况下，还有促使电网保护装置动作的作用；保护接零是借助接地线路使设备漏电形成单相短路，促使线路上的保护装置动作，以及切断故障设备的电源。此外，在保护接零电网中，保护地线和重复接地还可限制设备漏电时的对地电压。

（2）适用范围不同。保护接地既适用于一般不接地的高低压电网，也适用于采取了其他安全措施（如装设漏电保护器）的低压电网；保护接零只适用于中性点直接接地的低压电网。

（3）线路结构不同。如果采取保护接地措施，那么电网中可以无工作地线，只设保护接地线；如果采取了保护接零措施，那么必须设工作地线，利用工作地线做接零保护。保护接地线不应接开关、熔断器，当在工作地线上装设熔断器等开断电器时，还必须另装保护接地线或保护接地线。

三、对触电者的急救

对触电者进行急救的要点是动作迅速、做法得当。如果发现有人触电，那么首先要帮助触电者尽快脱离电源，然后根据具体情况进行相应的紧急救治。

（一）帮助触电者脱离电源

人体触电以后，可能由于痉挛或失去知觉等原因而抓紧带电体，不能自行摆脱带电体。因此，若发现有人触电，则应利用现场的有利条件，尽快采取措施，帮助触电者摆脱带电体并进行保护。

（1）如果开关箱或插头就在附近，那么应立即拉下闸刀开关或拔掉插头。

（2）如果距离开关箱或插头较远，无法立即切断电源时，应迅速用绝缘良好的电工钳或有干燥木柄的刀、斧等利器砍断电线，或者用干燥的木棒、竹竿、塑料管、橡胶制品、书本、皮带、棉麻、瓷器、绝缘手套等将电线拨离触电者。

（3）如果现场没有合适的绝缘体可以利用，那么可利用自身干燥的衣服将手包裹好，站在绝缘垫或干燥的木板上，拉扯触电者的衣服，使其脱离带电体。

（4）如果没有多余的衣物，那么可直接抓住触电者干燥且不贴身的衣服，使其脱离带电体。

小贴士

　　救护人不可直接用手或其他金属及潮湿的物体作为救护工具，必须使用适当的绝缘工具；救护人最好用一只手操作，以防自己触电；触电者脱离带电体后有可能摔伤，特别是触电者在高处的情况下，应考虑防摔措施，即使触电者在平地，也要注意触电者倒下的方向，注意防摔；对高压触电者，应立即通知有关部门停电，或迅速拉下开关，或由有经验的人采取特殊措施切断电源；如果事故发生在夜间，应迅速解决临时照明问题，以利于抢救，并避免扩大事故；直接拉触电者的衣物时，不能碰到金属物体和触电者裸露的身体。

（二）对触电者进行触电救护

　　当通过人体的电流较小时，仅产生麻感，对机体影响不大。当通过人体的电流增大，但小于摆脱电流时，触电人虽可能受到强烈打击，但尚能自己摆脱带电体，伤害可能不严重。当通过人体的电流进一步增大，接近或达到致命电流时，触电人会出现神经麻痹、呼吸中断、心脏跳动停止等征象，呈现昏迷不醒的状态。这时，不应该认为是死亡，而应该看作是假死，并且迅速而持续地进行抢救。

　　对触电者进行急救的基本原则有两点：一是动作要迅速，二是方法要正确。一般来说，从触电后 3 分钟开始救治，90%有良好效果；从触电后 6 分钟开始救治，10%有良好效果；从触电后 12 分钟才开始救治，救活的可能性很小。但也有触电者经过 4 小时或更长时间，通过施行人工呼吸而获救的事例，所以不要轻易放弃希望，应立即拨打"120"急救电话，并根据触电者的具体情况，迅速对症救护。

1. 伤势不重

　　如果触电者伤势不重，神志清醒，但有些心慌、四肢发麻、全身无力，或者触电者在触电过程中曾一度昏迷，但已清醒过来，那么此时应使触电者安静休息，不要走动，安排专人照顾，细心观察，并请医生前来诊治或送往医院。对轻度昏迷或呼吸微弱者，可针刺或掐人中、十宣、涌泉等穴位。

2. 伤势较重

　　如果触电者伤势较重，已失去知觉，但还有心跳和呼吸，那么应使触电者舒适、安静地平卧，保持空气流通，解开衣服以利于呼吸。若天气寒冷，则要注意保暖。每隔 5 秒轻呼触电者的名字或轻拍其肩部，但禁止摇晃头部。

3. 伤势严重

　　如果触电者神志不清，昏迷不醒，那么要密切关注其呼吸情况。通过观察其胸廓、腹部起伏状况等判断是否存在呼吸。一旦出现呼吸骤停现象，或触电者呼吸困难、微弱，发生痉挛，应马上对其施行心肺复苏抢救，具体情况如下。

（1）出现呼吸停止或心跳停止，或者二者均停止，应立即施行心肺复苏抢救。一般情况下，心脏骤停不超过 4 分钟，有可能恢复功能；若超过 4 分钟，易造成脑组织永久性损伤，甚至导致死亡。

（2）对触电后无呼吸但心脏有跳动者，应立即采用口对口人工呼吸。

（3）对触电后有呼吸但心脏停止跳动者，应立即进行胸外心脏按压法进行抢救。

（4）对触电后心脏和呼吸都已停止者，应同时采取人工呼吸和胸外心脏按压法交替进行抢救。

小贴士

> 心肺复苏抢救不能轻易停止。在抢救过程中，若发现触电者皮肤由紫变红，瞳孔由大变小，则说明抢救有效果；若发现触电者嘴唇稍有开、合，或眼皮活动，或有咽东西的动作，则应注意其是否有自主心脏跳动和自主呼吸。触电者能自主呼吸时，即可停止人工呼吸。若人工呼吸停止后，触电者仍不能自主呼吸，则应立即再做人工呼吸。急救过程中，如果触电者身上出现尸斑或身体僵冷，经医生做出无法救活的诊断，那么方可停止抢救。

（三）具体急救方法及创伤的处理

1. 人工呼吸

做人工呼吸时压前额、抬下颏，保证气道畅通。一手捏住触电者鼻翼两侧，另一手食指与中指抬起触电者下颏，深吸一口气，用口对准触电者的口吹入，吹气停止后放松鼻孔，让触电者从鼻孔呼气。依照此法反复进行。成人伤病员每分钟 14～16 次，儿童每分钟 20 次。最初六七次吹气可快一些，以后转为正常速度。同时要注意观察伤病员的胸部，操作正确应该能看到胸部有起伏，并感到有气流逸出。

2. 胸外心脏按压

施行胸外心脏按压时让患者的头、胸部处于同一水平面，最好躺在坚硬的地面上。抢救者左手掌根部放在患者的胸骨中下半部，右手掌重叠放在左手背上。手臂伸直，利用身体部分重量垂直下压胸腔，成人 5～6 cm，儿童 5 cm，婴儿 4 cm，然后放松。放松时掌根不要离开伤病员胸腔。按压要平稳、有规则、不间断，也不能冲击猛压。下压与放松的时间应大致相等。频率为成人每分钟 100～120 次，儿童每分钟 100～120 次，婴儿每分钟 100～120 次。

在实施胸外心脏按压的同时，应交替进行口对口人工呼吸。无论是双人抢救还是单人抢救，对于成人来说，其交替比例均为 30∶2，即胸外心脏按压 30 次，做人工呼吸 2 次。

3. 对于与触电同时发生的创伤，应分情况酌情处理

对于不危及生命的轻度创伤，可放在触电急救之后处理；对于严重的创伤，应与心肺复苏同时处理。如果伤口出血，那么应及时止血，而且为了防止伤口感染，最好

予以包扎。

思考与探究

现代社会，各行各业已离不开电，任何职业都必须重视用电安全。了解关于触电事故的知识，懂得安全用电的基本常识，从而防止触电事故的发生。若有可能，则应在保证自己的安全与健康的前提下，学会对触电者进行应急救护。

1. 怎样预防触电事故的发生？
2. 在对触电者进行急救时，应该注意哪些问题？
3. 你还知道哪些安全用电的常识？

••• 模块六　溺水事故的防护与应对

学习目标

1. 明确溺水事故的概念及原因。
2. 掌握预防溺水事故的安全知识。
3. 掌握溺水时进行自救与救助他人的方法。

随着经济的发展、社会的进步和教育改革的不断深入，学生们的活动领域越来越宽，接触的事物也随之越来越多。同时，他们的自身安全问题也日益引起人们的重视。据相关方面统计，我国近年遭遇意外事故死亡的青少年约 8 万人，溺水位居死亡原因的首位。虽然江、河、湖、海、小溪、池塘和游泳池等给人带来了诸多欢乐和享受，尤其是在夏天，很多人喜欢在清凉的水中躲避炎热，在清澈的水中锻炼身体，但往往也是每到这个时候，溺水事件就频频发生。预防溺水事故的发生也成为全社会关注的热点话题，而对于青少年来说，能够树立自护自救观念，掌握预防溺水的安全知识，正确处理各种溺水危险事件是很重要的。

一、溺水的含义及症状表现

溺水又称淹溺，是指人淹没于水或其他液体介质中并受到伤害的状况，通常所说的溺水是失足落水或在游泳中发生的。

由于溺水时间长短不同，因此病情症状轻重不一。时间短，即在喉痉挛早期（淹溺 1～2 分钟）获救，主要为一过性窒息的缺氧表现，获救后神志多清醒，有呛咳，呼吸频率加快，血压增高，胸闷不适，四肢酸痛无力；在喉痉挛晚期（淹溺 3～4 分钟）获救，因窒息和缺氧时间较长，可有神志模糊、烦躁不安，剧烈咳嗽、喘憋、呼吸困难、心率慢、血压降低、皮肤冷、发绀等症状表现；在喉痉挛期之后，水进入呼吸道、消化道的临床表现为意识障碍、脸面水肿、眼充血、口鼻血性泡沫痰、皮肤冷白、发绀、呼吸困难、双肺水泡音、上腹较膨胀；淹溺时间超过 5 分钟时的临床表现为神志昏迷、口鼻血性分泌物、发绀重、呼吸憋喘或微弱、浅表不整、心音不清、呼吸衰竭、心力衰竭，甚至瞳孔散大，呼吸、心跳停止。此外，溺水时间较长的获救者由于污水入肺而继发肺部感染，甚至并发急性呼吸窘迫综合征、脑水肿、急性肾功能不全、溶血或贫血、弥散性血管内凝血等病情。

二、溺水事故发生的原因

在日常生活中，溺水事故时有发生，其主要原因可概括为心理原因、生理原因、技术原因、其他原因几方面，具体如下。

（一）心理原因

（1）怕水心理严重，遇到水后惊慌失措，四肢僵硬，容易导致溺水。

（2）好奇心，不小心突然从池边、岸边或薄冰等处落入水中，容易导致溺水。

（3）有时为了打赌比拼，过于逞强好胜和冒险，不自量力或游泳时间过长而造成疲劳过度。例如，为了表现"胆大"，在竹筏上或爬到岩石上跳水、入水下洞穴中探险等；在游泳时游到浮标安全区以外，或者游到河对面，或者游到外海，而在回程时体力不支，容易导致溺水。

（二）生理原因

（1）冒险潜水，潜水时间过长，产生缺氧窒息。由于潜水必须憋气，时间过长或过频会引起心肌缺血或中枢神经系统工作骤停，从而出现头痛、头晕，甚至休克等症状，容易导致溺水。

（2）长游造成疲劳，体力不支。有的游泳爱好者喜欢长游，看看自己到底能游多远、多久。当然这是可以理解的，但是这样也容易发生溺水事故。例如，本来自己只能游 1 000 m，而非要横渡 1500 m 的水域，难免发生溺水事故。

（3）抽筋溺水。游泳前未做好准备活动、身体过于疲劳、出汗后马上下水、水温过低、技术动作过分紧张、用力不当等原因，在水中都会出现肌肉痉挛（抽筋）的现象。例如，手指、前臂、脚趾、小腿和大腿等部位都容易抽筋，如果在深水中自己不会处理，那么就会发生溺水事故。

（4）入水方法不当。脚陷入淤泥，或者身体撞到墙壁、石头等硬性物体而受伤所造成的意外事故。

（5）患病期间游泳。对于一些有慢性病的人在医生的指导下是可以游泳的，但对心血管疾病、精神病及癫痫病的患者，没有医生的指导便下水游泳是很危险的。例如，有些患心脏病的人，也许平时没有什么不良感觉，但一下水由于受到冷水的刺激或游泳运动量过大，心脏一时不能适应，从而导致发病，进而发生溺水事故。

（三）技术原因

（1）游泳技术不熟练。初学游泳的人，由于技术掌握得不好，在水中遇到大风浪等意外情况时，就会惊慌失措、动作慌乱，导致呛水而造成溺水。

（2）突然呛水，不会调整呼吸；戴在身上的浮具脱离或破裂漏气沉入水中，容易导致溺水。

（3）未经过救助训练，或者其营救技术与其勇气不相配，贸然对溺水者进行施救，被溺水者紧抱不放时也会容易溺水。

（4）碰撞打闹。有些人喜欢在水里打闹嬉戏，特别是年轻人喜欢做些有挑战性的动作。例如，在水中打闹玩耍时，突然滑倒后无法站立；嬉水时被人误压水底时间过长而不能自控，便容易导致溺水。

（四）其他原因

（1）在非游泳区游泳。对水域较深，或者水中可能有暗桩、礁石、急流、漩涡、水草及其他障碍物等，这些都可能对游泳者造成伤害。由于对水域的情况不明，即使会游泳，也可能发生溺水事故。

（2）游泳场所的管理不规范，设施存在安全隐患的，容易导致溺水事故。

（3）遇到洪灾等不可抗拒的、流动性强的大水时，使用不适当的支持物，不能尽量抓住一切可以利用的漂浮物体，也容易发生溺水事故。

（4）常常独来独往，如总是一个人到很远的地方游泳、划船、涉水和垂钓，也容易发生溺水事故。

三、溺水事故的预防

游泳是广大学生喜爱的体育锻炼项目之一。然而，如果未做好准备、缺少安全防范意识，那么遇到意外时会慌张，无法沉着自救，极易发生溺水伤亡事故。为了确保游泳安全，防止溺水事故的发生，必须要做到以下几点。

（一）不要独自一人外出游泳

最好能和水性较好的人一同前去游泳，不要到被污染的（水质不好）、不知水情和比较危险且易发生溺水伤亡事故的地方去游泳，更不要私自到江、河、湖、水库等地方游泳。两条河流的交汇处及落差大的河流、湖泊，容易发生溺水事故。选择好的游泳场所，对场所的环境，如浴场是否卫生、水下是否平坦、水域的深浅等情况要了解清楚。若有标明禁止游泳的警示牌（如图5-6-1所示），则不要在此处游泳。

图 5-6-1　禁止游泳的警示牌

（二）要清楚自己的身体健康状况

平时四肢就容易抽筋的人不宜参加游泳或不要到深水区游泳，身体患病者不要去游泳。中耳炎、心脏病、皮肤病、癫痫、红眼病等慢性疾病患者，以及感冒、发热、精神疲倦、身体无力者都不要去游泳。因为上述人员参加游泳运动，不但容易加重病情，还容易发生抽筋、意外昏迷等情况，严重者危及生命。此外，传染病患者还容易把病传染给别人。

（三）要做好下水前的准备

游泳时切勿太饿、太饱，应该饭后一小时再下水，以免抽筋。参加剧烈运动后，也不能立即跳入水中游泳，尤其是在满身大汗、浑身发热的情况下，不可立即下水，否则容易引起抽筋、感冒等症状。下水前先活动身体，若水温太低，则应先在浅水处用水淋洗身体，待适应水温后再下水游泳；镶有义齿的人，应将义齿取下，以防呛水时义齿落入食管或气管。

（四）对自己的水性要有自知之明

下水后不能争强好胜，不要贸然跳水和潜泳，更不能互相打闹，以免呛水和溺水。不要在急流和漩涡处游泳，更不要酒后游泳。

（五）注意游泳过程中的身体变化

游泳时若突然觉得身体不舒服，如眩晕、恶心、心慌、气短等，则应立即上岸休息或呼救。若小腿或脚部抽筋，千万不要惊慌，应用力蹬腿或做跳跃动作，或者用力按摩、拉扯抽筋部位，同时呼叫同伴救助。

（六）注意水深及其障碍物

跳水前一定要确保水深至少有 3 m，并且水下没有杂草、岩石或其他障碍物，以足先入水较为安全。

（七）注意天气变化

恶劣天气如雷雨、刮风、天气突变等情况，也不宜游泳。

在此特别要求游泳者做到"七不"：不私自下水游泳；不擅自与他人结伴游泳；不在无人带领的情况下游泳；不到无安全设施、无救援人员的水域游泳；不到不熟悉的水域游泳；不熟悉水性者不擅自下水施救；不到河、沟、水塘、水坑等危险水域边玩耍嬉戏。熟悉溺水的预防常识是我们每一个人的职责。同时，这也是对自己负责，对家庭负责，对社会负责。

知识拓展

如何预防游泳时抽筋

游泳时抽筋是比较常见的现象，且多发生于小腿和足趾部位，此外，手指、大腿甚至腹部也会发生抽筋，一旦发作不仅疼痛难忍，而且还不能活动。如果不及时施救，那么常常因此发生溺水事故。预防游泳时抽筋现象的出现，可以从以下几个方面着手。

（1）食物准备不能少。首先应增加体内热量，以适应游泳时的冷水刺激。可以吃些肉类、鸡蛋等含高蛋白质的食物，还应适当吃些甜食。其次是增加钠、钙、磷的补充。这几种元素对增加神经、肌肉的兴奋性有十分重要的作用。夏天出汗多，抽筋者还应注意补充淡盐水和维生素 B_1。同时，还应考虑自己的身体状况，游泳时间不宜过长，过度疲劳、饥饿或过饱时不宜游泳。

（2）准备活动应充分。游泳前一定要做好热身运动，先用冷水淋浴或用冷水拍打身体及四肢，对易发生抽筋的部位可进行适当的按摩，不要立即下水。平时若能够坚持冷水浴，则可提高身体对冷水刺激的适应能力，从而有效地避免游泳时发生抽筋。

（3）发生抽筋不要慌。游泳时发生小腿抽筋，要保持镇静，惊恐慌乱会呛水，使抽筋加剧。先深吸一口气，把头潜入水中，使背部浮上水面，两手抓住足尖，用力向自身方向拉，同时双腿用力押。一次不能缓解抽筋的话，可反复几次，肌肉就会慢慢松弛而恢复原状。上岸后及时擦干身体，注意保暖，对仍觉疼痛的部位可做适当的按摩，使之进一步缓解。

另外，游泳时如胸痛，可用力压胸口，等到稍好时再上岸；腹部疼痛时，应立即上岸，最好喝一些热的饮料或热汤，以保持身体温度。

四、溺水事故的急救措施

在游泳中遇到溺水事故时，现场急救刻不容缓。但遗憾的是，许多人不知道如何进行自救和互救，从而导致悲剧的发生。因此，能够掌握正确的溺水急救技能，从而进行基本的自救和救助他人，这是非常重要的。但是，在营救他人的同时，首先必须保证自己的安全，不盲目下水施救，发现险情时互相提醒并劝阻。

（一）对溺水者的基本救助技能

1. 水中营救

（1）当发现有人落水时，救助者若不会游泳，最好不要贸然下水救人。首先应向有人的地方高声呼救，同时尽快找到方便可取的漂浮物抛给溺水者，如救生圈、木块、水桶、充气的塑料袋等。如果实在找不到漂浮物，那么救助者可迅速脱下长裤在水中浸湿，扎紧裤管后充气再扎紧裤腰，之后抛给溺水者。同时告知溺水者不要试图爬上去依靠它上岸，只能用手抓住，借以将头浮出水面呼吸，耐心等待救援人员到来；救助者也可找到长竹竿、长绳或腰带、围巾连接后抛给溺水者拉他上岸；如果在冬季发现踩破冰面的溺水者，那么救助者一定要俯卧在冰面上向前接近，尽量减轻身体局部对冰面的压力，以防压破冰面跌入水中，然后再将长竹竿、长绳、围巾或腰带抛给溺水者，拉他上岸。

（2）若救助者会游泳，则要保持镇静，下水前应尽快脱去外衣和鞋子，迅速游到溺水者附近。有条件者应尽可能携带漂浮物下水救人，让溺水者抓住漂浮物，救助者再协助其游向岸边；如果没有漂浮物，那么救助者向溺水者接近时一定要小心，不要被其抓住，最好从溺水者的背后靠近，一手从溺水者前胸伸至对侧腋下，将其头紧紧夹在自己的胸前拉出水面，另一只手划水，仰泳将其拖向岸边。对于神志清醒的溺水者要大声告知，让其听从指挥。在救助过程中一定要使溺水者的头面部露出水面，既可以保证其顺利呼吸，又可以减轻溺水者的危机感和恐惧感，从而减少挣扎，使救助者能够节省体力、顺利地带其脱离险境。救助者一旦被溺水者抓住将是十分危险的情况，因为在水中与其纠缠将消耗救助者的大量体力，导致救助失败，甚至自身出现危险。所以，救助者在向溺水者接近时要尽量避免与溺水者纠缠。一旦被溺水者抱住，应放手自沉，从而使溺水者手松开，以便再进行救护。

小贴士

　　每个人的生命都是宝贵的，所以在救助他人的同时一定要确保自己的人身安全。紧急救援时，要遵循以下五个原则。①救助者自身安全永远是首先考虑的，其次是施救同伴的安全，最后才考虑被救者安全。②现场应考虑多种安全、有效的救援方法，如果只能采取一种救援方法，建议谨慎行动，增加安全考虑时间。救援方法选择按低风险至高风险的顺序，以不下水的岸上救援为第一选择，首先考虑危险程度较低的伸手去救，其次才是抛物去救，最后才考虑划船去救、游过去救、空中救援等危险程度较高的方法。③条件允许时，尽量要穿着救生装备，组织救援队伍，增加后备力量。④永远不要指望遇险者能自己把自己救出来。⑤把握黄金4分钟抢救溺水者。若发现有溺水者，则应记住第一时间拨打"110""120"等紧急救援电话，在打电话的同时积极进行现场急救。

　　在海水中遇险或救援时，不要碰触不认识的生物，随时警惕活动水域内有无主动攻击人类的生物。有害生物可分为能蜇人的水母、珊瑚、海葵等，被水母蜇伤严重的会失去生命。另外，还有能刺伤人的石狗公，能割伤皮肤的藤壶、牡蛎，能使人中毒的海蛇、椎螺，以及能咬伤甚至置人于死地的鳗、鲨等。如果被水母蜇伤，让伤者冷静并保持不动，用手套或者毛巾擦掉蜇刺或触须。然后，用大量的醋冲洗受伤部位至少30秒，可以用小苏打溶液代替。然后，将蜇伤的部位浸入热水中，或者用尽可能热的水冲洗至少20分钟，直到疼痛消失。随即送医治疗。

2. 岸上急救

溺水者被救助上岸后，及时有效的现场急救对于挽救其生命至关重要。上岸后只顾倒出吞入的水或争分夺秒地转送医院的做法将贻误最有效的抢救时机。将溺水者救出后，需要做好以下工作。

（1）将溺水者抬出水面后，应立即清除其口、鼻腔内的水、泥及污物，用纱布（手帕）裹着手指将溺水者舌头拉出口外，解开衣扣、领口，以保持呼吸道通畅。

（2）溺水者如果有呼吸且意识清楚，保持呼吸道通畅，擦干全身，注意保暖。如果有呼吸但意识不清楚，将其摆放成稳定的侧卧位，清理口鼻异物，保持呼吸道通畅，密切观察呼吸和心跳变化。如果无呼吸、无意识，立即进行 2～5 次人工呼吸，然后开始实施心肺复苏。不要轻易放弃抢救，应坚持到医务人员到达现场。

（3）对于心搏骤停者，立即给予 2～5 次人工呼吸，然后开始以 30:2 的按压/吹气比例实施心肺复苏，如有两名施救者，以 15:2 的按压/吹气比例实施心肺复苏。操作步骤：在开放气道的同时，施救者用放在前额手的拇指和食指捏住溺水者的鼻翼，正常吸一口气（无需深吸气），张大嘴把溺水者的口唇完全罩住，呈密封状，缓慢吹气，持续时间约 1 秒，抬头换气松鼻翼，再用同样的方法吹第 2 次，连续吹气 2 次，吹气的同时用眼睛余光观察胸廓是否隆起。

（4）胸外按压：按压位置为胸部正中，两乳头连线水平（胸骨下半部）。按压方法为施救者一手掌根紧贴在溺水者胸壁，双手十指相扣，掌根重叠，双上肢伸直，上半身前倾，以髋关节为轴，用上半身的力量垂直向下按压，确保每次按压的方向与胸骨垂直，按压与放松比大致相等。按压深度：5～6 厘米。按压频率：100～120 次/分钟。保证每次按压后胸廓完全回弹。尽量减少胸外按压的中断。

（二）溺水时进行自救的方法

游泳中常会遭遇到的意外有抽筋、疲乏、漩涡、急浪等，这时，要沉着冷静，按照一定的方法进行自我救护，同时发出呼救信号。为避免悲剧的发生，务必记住溺水自救五法。

1. 水性不熟者自救法

除呼救外，取仰卧位，头部向后，使鼻部可露出水面呼吸。呼气要浅，吸气要深。因为深吸气时，人体比重降到比水略轻，可浮出水面，此时千万不要将手臂上举乱扑乱动，否则会使身体下沉得更快。

2. 水中抽筋自救法

水上救生，无论是遇险者还是救助者，最怕的就是突发抽筋。抽筋多发生在水冷、肌肉受撞击、疲劳、误食药物等情况下，主要部位是小腿和大腿，有时手指、足趾及胃部等也会抽筋。解救的方法也各不相同，通常的原则是"反向行之"。

（1）游泳时发生抽筋，千万不要慌张，一定要保持冷静，停止游动，先吸一口气，仰面浮于水面，并根据不同部位采取不同方法进行自救。

（2）若因水温过低或疲劳产生小腿抽筋时，则可将小腿膝盖向下压，使身体呈仰卧姿势，一只手握住抽筋腿的足趾，用力向抽筋的反方向伸展，使抽筋腿伸直。同时用另一条腿踩水，另一只手划水，帮助身体上浮，这样连续多次即可恢复正常。上岸后用中指和食指尖掐承山穴或委中穴，进行按摩。

（3）若为大腿抽筋，则同样可用拉长抽筋肌肉的方法解决。大腿抽筋分为前面的股四头肌和后面的股二头肌两类。前者抽筋后，用压脚背拉伸法，将抽筋的腿向后弯曲，单手用力压脚背使足跟靠近臀部，使抽筋的大腿肌伸展。后者抽筋后，将膝关节伸直，手握小腿或足跟，拉腿靠向身体，使股二头肌伸展，即可恢复。

（4）若为两手抽筋时，则应迅速握紧拳头，再用力伸直，反复多次，直至恢复。如单手抽筋，除做上述动作外，可按摩合谷穴、内关穴、外关穴。

（5）若为腹部肌肉抽筋，则可掐中脘穴（在肚脐上 4 寸），配合掐足三里穴，还可仰卧水中，把双腿向腹壁弯收，再伸直，重复几次，即可恢复。若腹腔内部抽筋，则无法自行缓解，必须要尽量忍耐，把握时机呼叫救援。

（6）抽筋过后，应换一种姿势游回岸边，若不得不用同一游泳姿势时，则要防止再次抽筋。

3. 水草缠身自救法

最好不要去陌生水域游泳，以免被水草缠住。一旦遭遇水草缠身可根据以下步骤自救。

（1）首先要镇定，切不可踩水或手脚乱动，防止肢体被缠住或在淤泥中越陷越深，更难解脱。

（2）其次，可采用仰泳方式（两腿伸直、用手掌划水）顺原路慢慢返回，或者平卧水面，使两腿分开，用手解脱。

（3）再次，若随身携带小刀，可把水草割断；或者试着把水草踢开；或者像脱袜子那样把水草从脚上捋下来。自己无法摆脱时，应及时呼救。

（4）最后，摆脱水草后，轻轻踢腿而游，并尽快离开水草丛生的水域。

4. 身陷漩涡自救法

（1）有漩涡处，水面常有垃圾、树叶杂物在打转，只要注意就可早发现，应尽量避免接近。

（2）如果已经接近漩涡，那么切勿踩水，应立刻平卧水面，沿着漩涡边，用爬泳快速游过。因为漩涡边缘处吸引力较弱，不容易卷入面积较大的物体，所以身体必须平卧水面，切不可直立踩水或潜入水中。

5. 疲劳过度自救法

（1）觉得寒冷或疲劳，应立即游回岸边。如果离岸较远，或者过度疲乏而不能立即游回岸边，就仰浮在水面上保存体力。

（2）举起一只手，尽量放松身体，让救助者救助，但是不要紧抱救助者不放。

（3）如果没有人来，就继续浮在水面，等到体力恢复后再游回岸边。

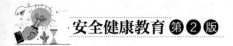

📖 **知识拓展**

落水后保持镇定最重要

万一落水，保持镇定，及时采取措施很重要。①万一落水，要憋住气，用手捏着鼻子，避免呛水。很多河水不一定很深，要试着看能不能站起来。当漂到水浅的地方时，要及时站起，不可错失机会。若站不起来，又离岸边较远，则要努力寻找身边可以抓住的物体。②要及时甩掉鞋子，扔掉口袋里的重物。③水一般是流动的，如果会游泳，可以顺着水流，边漂边游，不要径直游向对岸，方向要稍偏一点。④如果不会游泳，就要边拍水边呼救，但不要狂喊乱叫，这样会耗尽体力。⑤要注意观察水中可以利用的地形地物，只要抓住水中的固定物，就有可能脱险。

📖 **思考与探究**

1. 如何预防溺水事故的发生？
2. 如何对溺水者进行恰当的施救？
3. 如何在溺水时进行自救且自救时应注意哪些方面的问题？

●●● 模块七　烧伤、烫伤事故的防护与应对

💡 **学习目标**

1. 了解烧伤、烫伤对人的身体和心理带来的伤害。
2. 认识烧伤、烫伤的伤势判断标准。
3. 掌握正确的烧伤、烫伤事故的急救措施。
4. 了解如何预防烧伤、烫伤事故的发生。

夏季来临，皮肤裸露，所以每年的5～9月是全年烧伤、烫伤的高峰期。除了日常生活中常见的火焰、电流、开水、蒸汽等高温烧伤、烫伤，还包括工业上的强酸、强碱等化学烧伤，放射线、核能等物理烧伤、烫伤。许多伤病员在受伤后，往往会直接在创面上涂抹香油、酱油、牙膏等物品，接着便急急忙忙到医院就医，其实这些做法都是不可取的。因为日用品非但没有任何治疗烧、烫伤的作用，还会增加医生治疗的困难。比如若涂抹牙膏，牙膏会使皮肤热气无处散发，只能往皮下组织深处扩散，造成更深一层伤害；涂抹紫药水或酱油，会因其色素重、不易洗净而影响医生判断伤

情。所以，如果能学会对烧伤、烫伤的伤势进行判断，在短时间内采取正确的应对方式进行急救，那么不但可以显著减轻创面伤情，甚至可以避免手术植皮之痛。当然，若能够在一定程度上预防烧伤、烫伤事故的发生会更好。

一、关于烧伤

（一）烧伤的伤势判断及其程度的分类

烧伤是日常生活、工作中常见的损伤，一般是指由火焰、电流、化学腐蚀性物质、放射线、易燃物爆炸（煤气、汽油、煤油）等引起的对人体的皮肤或黏膜的损害，严重者也可伤及皮下组织。轻度、小面积的烧伤对人体健康影响不大，只是特别疼痛，但是大面积、程度深的烧伤对全身和局部的影响就比较大，严重者会休克、感染，甚至死亡。

1. 烧伤的伤势判断

烧伤的严重程度取决于受伤组织的范围和深度，按照烧伤的深度估计，一般采用三度四分法，即可分为一度烧伤、二度烧伤和三度烧伤，通过视诊、问诊可以进行确诊。

（1）一度烧伤损伤。表现为烧伤皮肤发红、发热、疼痛、明显触痛、有渗出或水肿。轻压受伤部位时局部变白，但没有水疱。一度烧伤损伤最轻，它是表皮损伤，但生发层（也称基底层）完好，故再生能力活跃，常于短期内（3～5 天）痊愈，不遗留瘢痕。有时有色素沉着，但可于短期内恢复至正常肤色。

（2）二度烧伤损伤。表现为皮肤水疱，水疱底部呈红色或白色，充满了清澈、黏稠的液体，触痛敏感，烧伤区的毛发拔出时可感觉疼痛，压迫时变白。二度烧伤损伤较深，具体又可分为浅二度烧伤和深二度烧伤。

（3）三度烧伤损伤。表现为烧伤表面发白、焦黄或呈黑色、炭化皮革状，皮肤变软、无弹性。由于被烧皮肤变得苍白，在白皮肤人中常被误认为是正常皮肤，但压迫时不再变色。破坏的红细胞可使烧伤局部皮肤呈鲜红色，偶尔有水疱，烧伤区的毛发很容易拔出，感觉减退。三度烧伤区域一般没有痛觉，因为皮肤的神经末梢被破坏。

三度烧伤系皮肤全层损伤，损伤程度最深，有时烧伤可深及皮下脂肪、肌肉甚至骨骼等，故三度烧伤的含义较广，代表的严重程度也不一致。由于皮肤及其附件全部被毁，创面已无再生的来源，创面修复必须有赖于植皮或周围健康皮肤爬行的上皮。烧伤后常常要经过几天，才能区分深二度烧伤与三度烧伤。

2. 烧伤严重程度的分类

按照烧伤面积的大小，可将烧伤的严重程度分为以下几类。

（1）轻度烧伤：烧伤总面积在 10%以下的二度烧伤。

（2）中度烧伤：烧伤总面积为 11%～30%；或者三度烧伤面积在 10%以下的烧伤。

（3）重度烧伤：烧伤总面积为 31%～50%；或者二度烧伤面积为 11%～20%；或

者烧伤面积不足 30%，但有下列情况之一者。

① 全身情况较重或已有休克。

② 复合伤。

③ 中、重度吸入性损伤。

（4）特重烧伤：烧伤总面积在 50% 以上，或者三度烧伤面积在 20% 以上。

（二）烧伤事故的急救

烧伤情况一般有火焰烧伤、化学烧伤、电烧伤等，任何致伤从接触人体到造成损伤，均有一个过程，只是时间的长短不一而已。烧伤后热力已烧坏皮肤，而侵入体内的热量将继续向深层浸透，造成深部组织的迟发性损害。因此，现场抢救要争取时间。烧伤的急救原则是消除烧伤的热源，保护创面，设法使伤病员安静止痛。所以应该利用发生烧伤事故的现场设施，对创面进行科学合理的早期处理，以降低烧伤造成的损伤。

1. 火焰烧伤的急救

（1）消除致伤原因。迅速脱离热源，将伤病员救离致伤现场，立即脱去着火衣服或就地滚压灭火，或者以湿衣被扑盖灭火，也可采用水浇或直接跳入附近水中，不要用手直接扑打火焰。冬天穿棉衣时，有时明火熄灭，暗火易燃，衣服如有冒烟现象应立即脱下或剪去，以免继续烧伤。身上起火时不可惊慌奔跑，以免风助火旺，也不要站立呼叫，免得造成呼吸道烧伤。

（2）保护创面。对已黏着于伤病员身上的衣物不要勉强脱掉，避免撕破水疱，已破的水疱也不要轻易扯去其表皮。一般创面不要做特殊处理，只要保持清洁即可；如果创面较大，可用清洁毛巾、衣服等清洁物将创面简单包扎，防止污染和再次损伤，创面上禁忌乱涂药物或油膏。

（3）减轻疼痛。中小面积的四肢烧伤，应立即用冷水冲淋或浸泡，以减轻疼痛和热力的损害。浸泡时间一般为半小时或不痛为止。严重伤病员静卧休息，保持呼吸通畅，并注意伤病员的呼吸、脉搏、血压等变化，若呼吸停止，则应立即进行人工呼吸，如有出血，应立即止血。

（4）用药。为预防休克，中小面积烧伤伤病员疼痛剧烈时可口服或肌内注射镇静止痛剂。能口服者，可给予适量淡盐水，忌饮大量白开水。大面积烧伤伤病员应由静脉注射镇痛药物，但有呼吸道烧伤病员须禁用吗啡，同时尽快开始静脉输液补充血容量。

知识拓展

冷疗

冷疗是在烧伤后将受伤的肢体放在流动的自来水下冲洗或放在大盆中浸泡，若没有自来水，则可将肢体浸入井水、河水中。冷疗可降低局部温度，减轻创面疼痛，阻止热力的继续损害及减少渗出和水肿。冷疗持续的时间多以停止冷疗后创面不再有剧痛为准，一般为 0.5～1 小时。水温一般为 15～20℃，有条件者可在水中放些冰块以降低水温。及时冷疗可中和侵入身体内的余热，阻止热力继续渗透，防止创面继续加深，减轻组织烧伤深度。

冷疗也可减轻水肿。烧伤后皮肤毛细血管急剧扩张，毛细血管通透性增加，大量血浆样物质渗出血管形成水肿或水疱。冷疗可使因高温扩张的毛细血管急剧收缩，减少血浆样物质的渗出，减轻水肿。所以烧伤后的冷疗越早越好，不要担心水中有细菌、烧伤创面接触生水会感染。应毫不犹豫地进行创面早期冷疗处理，使损伤降到最低限度。马上去医院虽然可得到最好的处理，但有时会错过创面处理的黄金时间，造成创面深部的不可逆损伤。

此方法同样适用于烧伤急救。

2. 电烧伤的急救

电烧伤可分为两类：一类是电弧引起的烧伤，处理方法与处理一般烧伤的方法相同；另一类是人体与电流接触引起的烧伤，也是真正的电烧伤，这类损伤通常比较严重，在脱离电源后应立即就医。电烧伤最大的危险是体内烧伤，当发现有人触电时，应立即按以下方法进行处理。

（1）先将电源切断，或者用绝缘体（干木棒、树枝、扫帚柄）将电源移开。当电源不明时，切记不要直接用手接触触电者。

（2）在浴室或潮湿的地方，救护人要穿绝缘胶鞋、戴胶皮手套或站在干燥木板上以保护自身安全。

（3）如果伤病员无心跳、呼吸，拨打"120"电话呼叫救护车，并立即施行心肺复苏，不要轻易放弃，一直坚持到医生护士到来为止。

（4）局部烧伤伤病员应马上降温，然后就地取材进行创面的简易包扎，再送医院救治。

3. 化学烧伤的急救

化学烧伤与一般的烧伤不同，其特殊性在于：即使脱离了致伤源，但如果不立即把污染在人体上的腐蚀物除去，这些物质仍会继续腐蚀皮肤和组织，直至被消耗完为止。化学物质与人体接触时间越长、浓度越高，烧伤也越严重。一旦发生化学烧伤事故，都应在最短的时间内（最好不要超过 2 分钟）进行冲洗。

（1）强碱、强酸烧伤。立即脱去被酸碱沾湿的衣服，迅速以大量清水反复彻底冲洗创面。强碱烧伤一般不用中和剂，强酸烧伤可用 5%碳酸氢钠溶液中和，但中和后仍需再次用清水冲洗，避免产生中和热加重组织损害。生石灰烧伤应先去除沾在皮肤上的石灰粉粒，然后再用清水冲洗，以防石灰遇水产热而加重烧伤。

（2）磷烧伤。迅速脱去染磷的衣服并用大量清水冲洗创面，除去磷颗粒，或者将创面浸泡在水中隔绝空气并洗去磷粒，如果无大量水冲洗，可以用多层湿布包扎创面，使磷与空气隔绝，防止磷继续燃烧加重损伤。对有磷残留者，以 1%～2%的

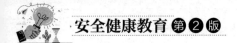

硫酸铜溶液短时湿敷，使其变为黑色磷化铜，便于辨认和去除，再以5%的碳酸氢钠溶液湿敷中和磷酸。

小贴士

> 化学烧伤时，冲洗应立足于现场条件，不必强求用消毒液和药水，凉白开、自来水，甚至河水、井水都可应急，冲洗要反复而彻底地进行。创面应湿敷包扎，忌用油质敷料包扎，以防磷溶于油质后被皮肤吸收而引起中毒。在进行急救的同时，一定要尽快拨打"120"急救电话。

二、关于烫伤

（一）烫伤的伤势判断

烫伤是由高温液体（如沸水、热油）、高温固体（如烧热的金属、气割产生的高温颗粒等）或高温蒸气等所导致的损伤。烫伤可分为低温烫伤和高温烫伤，生活中以低温烫伤比较常见。低温烫伤是指皮肤长时间接触高于体温的低热物体而造成的烫伤，比如接触70℃的温度持续1分钟，皮肤可能就会被烫伤；而当皮肤接触近60℃的温度持续5分钟以上时，也有可能造成烫伤。烫伤后会形成一种"热毒"，如果不能进行有效的散"热"，那么随着时间的推移，这种"热毒"会不断由表及里，加重伤病员的病情。只要面积稍大，一般都会产生瘢痕，局部皮肤颜色变深、高低不平。

烫伤有轻重之分，所以其处理方法也有区别。普通人被烫伤，只要掌握以下要点就能判断伤势的程度。一般来说，烫伤与烧伤一样，按伤势由轻到重也可分为一度、二度（浅二度、深二度）和三度。

1. 一度烫伤损伤

一度烫伤表现为皮肤发红，火辣刺痛，不起水疱，表面干燥，2～3天后，烫伤皮肤脱屑，3～5天即可痊愈，不留瘢痕。比如海边日光浴的皮肤损伤即为一度烫伤。

2. 二度烫伤损伤

（1）浅二度烫伤。浅二度烫伤是日常最多见的，表现为创面红肿，有水疱，疼痛剧烈，一般2周左右愈合。

（2）深二度烫伤。深二度烫伤表现为皮肤表皮易撕脱，基底红白相间，痛觉迟钝，3周以后愈合，但会留有色素及瘢痕。

3. 三度烫伤损伤

三度烫伤表现为皮、肉、骨均受伤，局部蜡白，伤处皮肤、肌肉坏死剥落。在深二度烫伤的基础上，如果创面感染化脓，那么就会成为三度烫伤，需要进行植皮手术治疗，痊愈后留有瘢痕或畸形。

一度烫伤可自行治疗，浅二度烫伤最好由专科医生治疗，深二度烫伤必须由专科医生治疗。烫伤病员的一只手掌相当于身体面积的 1%，有条件者超过 1%的烫伤就应该就医；烫伤面积成人达 15%～20%、儿童与老人达 10%～15%，可能会危及生命，一定要尽快送医院治疗。

知识拓展

水疱该不该挑破

不慎被开水烫伤了，双手起了数个大小不一的水疱，这些水疱影响日常生活，那么该不该把水疱挑破呢？烫伤后，局部皮肤出现水疱，一般属于浅二度烫伤。水疱液里主要含电解质、葡萄糖、白蛋白、纤维蛋白等，这些营养物质组合起来，可以说是良好的细菌培养基。因此，若水疱处理不好，往往容易导致创面感染。

一般来说，只有小水疱能在短时间内自行吸收、愈合；大水疱（大于 1 cm）由于液体较多，通过自身吸收干净比较困难。因此，大水疱常需要挑破，把水疱液引流出来，具体操作是：用医用酒精消毒创面后，在水疱最低位用消毒针刺破表皮，并用无菌棉签轻轻挤压，使水疱液在低位充分流出，同时保留水疱表皮，然后用无菌敷料包扎。期间每天换药一次，每次都应用无菌棉签把水疱中的液体尽量挤出。一周左右，水疱就会结痂、干燥而自愈。烧伤所引起的水疱也可用同样的方法。

（二）烫伤事故的急救

生活中的热水、热油等液体的温度相对来说较低，但工业中的钢水、铁水、钢渣、高压蒸气等温度达 1 250～1 670 ℃，热辐射很强，易于喷溅，非常容易造成作业人员的烫伤事故。如果发生严重的烫伤，应立即采取急救措施，这就要牢记"冲、脱、泡、盖、送"五字要诀。

①冲——用清水冲洗烧伤创面。

②脱——边冲边用轻柔的动作脱掉烧伤病员的外衣，如果衣服粘住皮肉，不能强扯，可以用剪刀剪开。另外，脱下病员手镯、戒指等饰品，以免肢体肿胀无法去除，可能会造成肢体缺血坏死。

③泡——用冷水浸泡创面。

④盖——用干净的布单、衣物盖住或包扎伤处。

⑤送——尽快送到具有救治烧伤经验的医院治疗。

常见的几种烫伤处理方法如下。

1. 开水烫伤

被开水烫伤后，最简单有效的方法就是用大量的流水持续冲洗降温，持续 20 分钟左右，让伤处温度与周边正常皮肤温度一致。在冲洗过程中应注意流水冲力不应过大，要尽量保持烫伤后水疱的完整性。若有衣物，则应于降温后予以剪除，但不能强行剥离，以免撕破水疱。经过上述简单处理后，可以一边使用冰袋冷敷创面止痛，一边到专科医院或整形科就诊。

2. 热油烫伤

被热油烫伤时应立即用柔软的棉布轻轻擦去溅到的油，若伤处没有破损，再用干净毛巾蘸冷水湿敷伤处。去除高温的油后再用冷水敷，这样做的目的是起降温作用，可以减轻疼痛，尽量减轻烫伤的深度。烫伤程度浅，一般不会留有瘢痕，但在创面愈合干燥后会有色素沉着。这些色素沉着完全消退需要一定的时间，短则数天，长则几个月。在伤口愈合前最好忌辛辣刺激性食物，忌烟酒。

3. 皮肤烫伤

被开水、热汤、热油、蒸汽等烫伤时，轻者皮肤潮红、疼痛，重者皮肤起水疱，表皮脱落。发生烫伤后，可按如下方法处理。

（1）立即小心地将被热液浸透的衣裤、鞋袜脱掉，用清洁的冷水喷洒伤处或将伤处浸入清洁的冷水中，也可用湿冷毛巾敷伤处，还可以用食醋浇淋伤处。

（2）尽可能不要弄破水疱或表皮，以免引起细菌感染。对于较大的水疱并且容易不慎弄破的，应当及时就医将水疱刺破引流，再妥善消毒包扎。后续可用生理盐水、碘伏和百多邦，每日自行消毒换药。

4. 眼睛烫伤

人体通常都有一种特有的自然保护性反应，譬如在灼热的致伤物突然溅起的瞬间，眼睛就会自然产生一种迅速的反射性闭眼动作，所以眼睛烫伤多半在眼皮上，烫伤时眼皮发红、肿胀，有时起水疱。由于开水、水蒸气或沸油油滴都是高温无菌的，处理这类烫伤时不必进行冲洗，一般只需在伤处涂抹金霉素眼膏或红霉素眼膏。若有小水疱，则尽量不要挑破。伤处不必包扎，可任其暴露，经3～5天就会渐渐愈合。如果伤病员眼内摩擦感很重，流泪极多，并且角膜（黑眼球）上可看到有白点，说明角膜已经被烫伤，这时一定要去医院治疗。

5. 喉咙烫伤

喝开水烫伤喉咙，患者剧烈咳嗽，会出现声嘶；同时伴有咽痛、吞咽困难等症状，属于轻度损伤。如果发生咽喉烧烫伤，可以马上慢慢吞咽凉开水，减轻疼痛，避免刺激，不要吃硬的、热的或辛辣的食物，而以流质食物为主。对于咽喉水肿严重，已明显影响呼吸者，应立即送往医院诊治。

📖 知识拓展

人们在饮食方面将鸡、鸭、鱼、虾等食品称为"发物"并在受伤或生病时列入禁食之列，这是一种认识误区。被烧伤、烫伤后，机体会调动自身的能力去修复创伤，尽可能使受伤皮肤复原，在修复创伤过程中需要许多生物原料，最重要的是蛋白质，其次是糖、脂肪、维生素、微量元素等，而这些物质大多存在于猪、牛、羊、鱼等动物的瘦肉中。因为烧伤后创面丢失了大量的营养物质急需进行补充，所以应该适量摄取对创面修复有利的优质蛋白质，如鱼、瘦肉等。还有人担心食用姜会长"姜疙瘩"，食用酱油、醋会促使皮肤变黑等。从现代医学的角度考虑，这些都是缺乏科学根据的。西医虽然在烧、烫伤患者的饮食方面没有严格的忌口，但辛辣、油腻、刺激食品应尽量减少食用。

三、烧伤、烫伤对人的身心伤害

烧伤、烫伤在日常生活和一些工业场所（钢厂、锅炉厂等的生产车间）极易发生。如上所述，这些事故不仅会对人的身体外貌方面产生极大影响，而且还危及其心理健康。烧伤、烫伤对人体的身心危害主要表现在以下两方面。

（一）对生理方面的伤害

1. 感染或感染性休克

皮肤是人体的重要屏障，烧伤或烫伤后皮肤保护功能被破坏，全身免疫力降低，各种致病微生物可乘虚而入，导致创面感染或全身性感染。即使轻度烫伤，如果发生感染，也会延长创面愈合时间，加剧瘢痕增生。

2. 瘢痕增生，影响容貌

一度或浅二度烧伤、烫伤，若能得到及时正确的治疗，不会产生瘢痕增生。但深二度烧伤、烫伤创面，一般都要遗留不同程度的瘢痕增生，若得不到烧伤、烫伤专科医生及时、正确的治疗，则瘢痕增生、挛缩会更加明显，严重影响外观。

3. 肢体或器官的功能障碍

大面积深度烫伤、烧伤创面虽然可以愈合，但后期会发生广泛性瘢痕增生、挛缩，导致上、下肢各个关节功能障碍，面部五官变形、移位，影响劳动和生活。瘢痕形成的慢性溃疡还可能发生癌变。

（二）对心理方面的伤害

因烧伤后遗留的肢体功能障碍和容貌损害，容易使患者的自尊心、自信心受挫，生活热情降低，工作能力下降，生活质量下降，产生悲观厌世的情绪，甚至会发展为精神性疾病或引发自杀行为。

四、烧伤、烫伤事故的预防

烧伤、烫伤事故会对人的身心健康造成不同程度的伤害。对于遭遇烧伤、烫伤的患者，要采取紧急措施对其进行救助。但凡事还是要防患于未然，尽量减少此类事故

的发生。

（一）生活方面的预防

（1）加强对防烧伤、烫伤知识的系统学习与了解。

（2）平时要将暖水瓶、热水壶、热汤盆放在安全、不易碰到的地方。

（3）洗澡时一定要测试水温，避免水温过高造成烫伤。

（4）煤气泄漏时千万不能打电话或使用电扇、排风扇，应立即开窗通风。

（5）不要使用打火机或明火看油箱中的油量。

（6）雷雨天不要在树下或电线杆附近避雨，以防被雷电击中，发生电烧伤。

（二）工作方面的预防

（1）注意当心烫伤的警示标志（如图 5-7-2 所示），严格按照规章制度办事。

图 5-7-2　当心烫伤的警示标志

（2）工厂中要正确安装电气设备，避免乱接电线和插座。

（3）对强酸、强碱等腐蚀性液体要严格管理，不能随意放置和使用。

（4）在加油站等工作场所严禁携带、使用打火机、火柴及其他易燃品。

（5）对煤窑、钢铁厂、水泥厂、石灰厂等的相关设备进行定期检查，做好安全防护措施。

📖 思考与探究

烧伤、烫伤事故在生活和工作中常见，我们要做的是学会对伤势进行判断，认识到错误处理所带来的危害，从而对伤病员采取正确的急救措施，同时尽量减少此类事故的发生。

1. 如何对烧伤、烫伤的伤势进行判断？

2. 如何对烧伤、烫伤的患者进行急救？

3. 错误的急救处理方式会带来哪些危害？

4. 在日常生活和工作中，如何预防烧伤、烫伤事故的发生？

模块八　逃生与自救

学习目标

1. 掌握火灾逃生与自救的基本技能与方法。
2. 掌握被困电梯的自救与逃生方法。
3. 掌握化学品毒气泄漏的逃生与自救方法。
4. 掌握瓦斯爆炸的逃生与自救方法。

在日常生活和工作中，人们总会遇到各种突发情况，如遭遇火灾、被困电梯，有毒气体的泄漏、矿井中瓦斯的爆炸等。在生死存亡关头，有人得以安全逃脱，但也有很多人死亡。生或死，安全或受伤，这与突发事件的发生时间、地点等条件是分不开的，但也与个人在事故面前的表现，有无逃生与自救的意识和技能有关。了解相关常识，能够采用正确的方式进行安全逃离与自救，这样生还的可能性就会大大提高。相反，若是对如何逃生与自救一无所知，惊慌失措、盲目冒险，就有可能酿成不可挽回的严重后果。

一、火场逃生与自救方法

一场大火降临时，由于种种原因，总会有人被困火场，情况危急。有的人因无路可逃而丧失生命；有的人想跳楼求生却不得生还或造成终身残疾；也有的人化险为夷，死里逃生。诚然，起火的时间、地点、火势大小、建筑内消防设施等诸多因素影响着人们能否成功逃脱，但被火围困的人员在危急关头有无正确的逃生技能也非常重要。因此，学习火场逃生的相关知识，能够掌握一定的逃生和自救技能，在火灾发生时保持沉着冷静，选择最佳的时机、路线和方法，这样逃出危险区域、保证自身安全的可能性就会很大。

（一）火场逃生与自救的正确方法

1. 熟悉环境，留意路线

熟悉自己的工作环境，记住疏散通道、楼梯方位、安全出口和灭火器位置。当走进商场、宾馆、酒店、歌舞厅等公共场所，也要留意墙上、顶棚上、门上和转弯处的安全门、紧急出口、安全通道、火警电话和逃生方向箭头等标志，以便发生意外时能及时按照指示方向顺利逃离和进行灭火。

2. 及时报警，扑灭小火

当发生火灾时，如果发现火势并不大，且尚未对人造成很大威胁时，应充分利用周围的消防器材，奋力将小火控制、扑灭，并尽快拨打"119"火警电话呼救；千万不要惊慌失措，置小火于不顾而酿成大灾。

3. 讲究方法，低层跳离

看清楼下地势情况，跳前先向地面扔一些棉被、枕头、床垫、大衣等柔软的物品，以便"软着陆"，然后用手扒着窗户，身体下垂，自然下滑，以缩短跳落高度，减少受伤的可能性。此方法仅适用于低楼层。

4. 迅速判断，尽快撤离

突遇火灾，面对烈火和浓烟，首先要保持镇静，迅速判断危险地点和安全地点，决定逃生的办法，尽快撤离险地。火势不大时要当机立断，披上浸湿的衣服或裹上湿毛毯、湿被褥勇敢地冲出去。撤离时要注意，朝明亮处或外面空旷地方跑，要尽量往楼层下面跑，若通道已被烟火封阻，则应背向烟火方向离开，通过阳台、气窗、天台等往室外逃生。

5. 趴地探路，捂严口鼻

浓烟滚滚，视线不清时，应迅速趴在地上或蹲着，将身体高度降到最低。因为靠地面的烟相对较少，便于观察和寻找逃生出路。为了避免烟雾呛人，防止中毒和被热空气烧伤导致窒息致死的危险，要用湿毛巾、餐巾布、口罩、衣服等将口鼻捂严。逃生时要紧贴墙壁、弯腰，头尽量往下低。

6. 暂退房内，关门隔火

如果有烟火从门缝进入，说明外面的通道已被封锁，逃生之路已被切断，此时应关闭通向火区的门窗，打开背火的门窗。在无法找到合适的逃离火海路线的情况下，就要寻找临时避难场所。避难时要用水喷淋迎火门窗，把房间内一切可燃物体淋湿，用湿毛巾、湿布塞堵门缝，防止浓烟进入，固守在房内，延长时间。

7. 缓晃轻抛，及时求救

尽量待在阳台、窗口等易于被人发现和能暂时避免烟火近身的地方，及时发出求救信号。若在白天，可以向窗外晃动鲜艳衣物，或外抛轻型晃眼的东西；在晚上，可以用手电筒不停地在窗口闪动或敲击东西，及时发出有效的求救信号，引起消防人员的注意。在被烟气窒息而失去知觉、没有自救能力时，应努力爬到墙边或门边。消防人员进入室内都是沿着墙壁摸索前进，这样做便于消防人员寻找、营救；此外，爬到墙边也可防止房屋结构塌落砸伤自己。

8. 火已烧身，就地打滚

火场上的人如果发现身上着了火，千万不可惊跑、乱跑或用手拍打，因为奔跑或拍打时会形成风势，加速氧气的补充，促旺火势。当身上衣服着火时，应赶紧设法脱掉衣服或就地打滚，压灭火苗；能及时跳入水中或让人向自己身上浇水、喷灭火剂，效果更为有效。

9. 借助器材，缓降逃生

高层、多层公共建筑内一般都设有高空缓降器、救生袋（网、气垫、软梯、滑竿、滑台、导向绳）或救生舷梯等，人员可以通过这些设施安全地离开危险楼层。

10. 有序逃生，利人利己

只有有序地迅速疏散，才能最大限度地减少伤亡，遇到不顾人死活的行为和前拥后挤现象，要坚决制止。在逃生过程中如果看见前面的人倒下去了，应立即扶起，对拥挤的人群给予疏导或选择其他疏散方向，从而减少单一疏散通道的压力，竭尽全力保护疏散通道畅通，以最大限度减少人员伤亡，保护自身安全。

知识拓展

灭火器的类型

手提式灭火器按充装灭火剂的不同可分为六类，即干粉灭火器（碳酸氢钠和磷酸铵盐灭火剂）、二氧化碳灭火器、泡沫型灭火器、水型灭火器、四氯化碳灭火器和卤代烷型灭火器（俗称"1211"灭火器或"1301"灭火器）。可以使用干粉灭火器扑救石油、石油产品、有机溶剂、天然气和天然气设备、物质火灾；使用二氧化碳灭火器扑救电气、精密仪器、油类和酸类火灾；使用泡沫型灭火器扑灭木材、棉麻等有机物火灾和油类、醇类引起的火灾；使用水型灭火器扑灭纸张、毛织物等有机物燃烧引起的火灾；使用四氯化碳灭火器扑救电气火灾；使用卤代烷型灭火器扑救带电火灾、油类火灾和固体有机物火灾。

（二）火场逃生与自救的误区

面对大火等危急情况，人们会不由自主地失去理智而慌神，从而做出错误行为，造成严重后果。为了顺利逃生，请谨记以下逃生误区。

1. 忘记报警

在有时间和有机会报警的情况下却不报警，结果耽误了救人和灭火的最佳时机，造成人员伤亡和财产损失。

2. 大声呼救

由于现代建筑室内使用了大量的木材、塑料、化学纤维等易燃可燃材料装修，且装修材料表面常用漆类粉刷，燃烧时会散发大量的烟雾和有毒气体，容易造成毒气窒息死亡。因此，在逃生时，可用湿毛巾折叠，捂住口鼻，过滤烟雾。此时若是大声呼救，就可能会吸入大量烟雾，影响呼吸。

3. 贪恋财物

火灾来势较快，并常常伴有"爆燃"和建筑物坍塌等紧急情况发生。因此，遇上火灾、身处险境时，必须迅速疏散逃生，不要因害羞或顾及贵重物品，而把宝贵的逃

生时间浪费在穿衣或寻找、搬离贵重物品上。已经脱离险境的人员，切莫重返险地。

4. 室内家具躲避

退守室内时，千万不可钻到床底下、衣橱内躲避火焰或烟雾。因为这些都是火灾现场中最危险的地方，而且又不容易被消防人员发觉，难以获得及时营救。

5. 盲目从众

当人们面对突发情况时，往往会因惊慌失措而失去正常的判断能力，第一反应就是盲目跟着别人逃生。例如，他们会跟从人流、相互拥挤、乱冲乱窜。克服盲目追随的方法是平时要多了解与掌握一定的消防自救与逃生知识，避免事到临头无法自救。

6. 往上逃生

因为火焰是自下而上地燃烧，经过装修的楼层火灾向上蔓延的速度一般比人向上逃生的速度快，所以当人们还没跑到楼顶时，火势已经发展到了楼顶。在不得已的情况下可登上房顶平台，但是要站在上风方向。

7. 原路逃生

原路逃生是最常见的火灾逃生行为。大多数建筑物内部的道路出口一般不为人所熟悉，一旦发生火灾，人们总习惯沿着进来的出入口和楼道进行逃生，当发现此路被封死时，已失去最佳逃生时间。

8. 乘坐电梯

按规范标准设计建造的建筑物，都会有两条以上逃生楼梯、通道或安全出口。发生火灾时，要根据情况选择进入相对安全的楼梯通道。除可以利用楼梯外，还可以利用建筑物的阳台、窗台等攀到周围的安全地点，沿着落水管、避雷线等建筑结构中凸出物滑下楼。但是，发生火灾时，千万不能利用电梯作为疏散通道，这是因为在高层建筑中，电梯的供电系统在火灾时随时会断电或因热的作用导致电梯变形而使人困在电梯内，这样反而会使人处于更危险的境地。同时，电梯井犹如贯通的烟囱般直通各楼层，有毒的烟雾会直接威胁被困人员的生命。

9. 跳楼逃生

身处火灾烟气中的人，精神上往往陷于极端恐惧和接近崩溃的状态，惊慌的心理极易导致不顾一切的伤害性行为，常见的行为就是跳窗、跳楼逃生。需要注意的是，只有消防人员准备好救生气垫并指挥跳楼，或者楼层不高（一般3层以下），非跳楼即烧死的情况下，才可采取跳楼的方法。即使已没有任何退路，若生命还未受到严重威胁，也要冷静地等待消防人员的救援。跳楼也要讲究技巧，比如应尽量往救生气垫中部跳或选择向水池、软雨篷、草地等方向跳；如有可能，要尽量抱些棉被、沙发垫等松软物品或打开大雨伞跳下，以减缓冲击力。如果徒手跳楼，一定要扒窗台或阳台使身体自然下垂跳下，以尽量降低垂直距离，落地前要双手抱紧头部身体弯曲蜷成一团，以减少伤害。跳楼虽可求生，但会对身体造成一定的伤害，所以要慎之又慎。

二、电梯事故的逃离与自救方法

近年来，由于各种原因，电梯事故时有发生。当被困电梯时，受困者需要掌握以下自救方法，以确保安全，获得自救。

（一）关于电梯的误传

1. 电梯快速坠落摔到底

现代电梯有多级安全保障措施：电梯一般装有多根钢缆，每一根的承重能力都是电梯额定载重的数倍；另外还有限速装置和紧急卡死装置，在电梯井顶部和底部都装有缓冲器。也就是说，假如出现钢缆断裂、快速下降的情况，电梯也会强制抱闸制动；如果还未有效降速，那么就会弹出安全钳卡死导轨，使电梯不再下坠。总之，电梯几乎不可能出现长距离快速下落，甚至自由落体。

需要注意的是，虽然电梯故障基本不可能导致持续下坠，但是一段距离的下落或上升之后触发电梯紧急制动的瞬间，会因惯性让人们的姿势难以保持，所以应采取恰当和相对安全的姿势进行防护。

2. 封闭空间，会让人窒息

许多人认为，当被困在电梯内时，应尽量保持安静，千万不要情绪失控、大喊大叫甚至踢打电梯，以免过度消耗封闭空间内有限的氧气。实际上，电梯并不是一个封闭空间，而是装有专门的通风孔，不会造成窒息。回想一下自己乘电梯的经验，在快速升降的过程中，是不是偶尔能感到有微风吹过。

但是，"不过分消耗体力"是正确的建议。如果不幸被困在电梯内，在一时联系不到外界而又需要长时间等待救援的情况下，就必须要减少活动、控制呼救频率，以免发生脱水或体力不支。

（二）被困电梯的逃生与自救方法

1. 保持冷静

若突然被困在电梯中，千万不要慌张，保持镇定，并且安慰困在一起的人，告诉大家电梯槽有防坠落安全装置，它会牢牢夹住电梯两旁的钢轨，安全装置也不会失灵，电梯不会掉下去，消除大家的慌乱心理。

2. 警铃求援

利用电梯内的电话、警铃、对讲机、手机等一切可能的求援方式求助。如果无警铃、求救电话或对讲机，手机又失灵时，可拍门叫喊，也可脱下鞋子敲打，请求外面的人立刻找人营救，但切忌自行扳动电梯设备。若无人回应，则需耐心等待，观察情况，不要不停地呼喊，要保持体力，等待营救。

3. 切忌从安全窗爬出

电梯顶部均设有安全窗，该安全窗仅供电梯维修人员使用，勿扒撬电梯轿厢上的安全窗。因为出口板一旦打开，安全开关就使电梯刹住不动。若出口板意外关上，电

梯会重新开动，这样会使在电梯槽内的人失去平衡，容易被电梯缆索绊倒，或者因踩到油垢滑倒而掉下电梯，造成二次伤害。

4. 飞坠时蹲地背贴内墙

若电梯内有把手，则一只手紧握把手，这样可固定自己所在的位置，不至于因重心不稳而摔伤。电梯下坠时要使整个背部跟头部紧贴电梯内墙，呈一直线。因为韧带是人体唯一富含弹性的组织，借用膝盖弯曲来承受重击压力，会比骨头能承受的压力更大。

5. 最安全的方法是等待救援

如果不能立刻联系到电梯技工，可以请外面的人打消防电话。消防人员会把电梯绞上或是绞下到最接近的一层，然后打开门。即使停电，消防人员也会用手动器，把电梯门打开。

三、化学品毒气泄漏的逃生与自救方法

有毒气体（氟气、氯气、氰气、一氧化碳、硫化氢、氟化氢、甲醛）属于危险化学品的类别。化学品毒气泄漏的特点是发生突然、扩散迅速、持续时间长和涉及面广。一旦发生泄漏事故，往往会引起人们的恐慌，此时若处理不当则会产生严重的后果。由于不同的化学毒气在不同情况下出现泄漏事故，其自救与逃生的方法都有很大差异，如果逃生方法选择不当，不仅不能安全逃出，反而会使自己受到更严重的伤害。因此，发生毒气泄漏事故后，若现场人员无法控制泄漏，应迅速报警并选择安全有效的方法逃生与自救。

（一）做好准备工作，提高避险逃生能力

（1）了解工作企业中化学危险品的危害，熟悉厂区建筑物、道路等位置。
（2）正确识别化学安全标签，了解所接触的化学品对人体的危害和防护急救措施。
（3）配合企业制定的毒气泄漏事故应急预案，定期参加组织演练。

（二）进行安全防护，防止吸入有毒气体

1. 呼吸防护

在确认发生毒气泄漏，发现自己正处于毒气环境中后，应立即屏住呼吸，用手帕、毛巾、餐巾纸、衣物等随手可及的简易物品捂住口鼻。手边若有水或饮料，则最好能把手帕、衣物等浸湿。若有防护装备，则及时戴上防毒面具、防毒口罩，这样可以阻止继续吸入毒气。

2. 皮肤防护

尽可能戴上手套，穿上雨衣、雨鞋等，或者用床单、衣物等遮住裸露的皮肤。若备有防化服等专配防护装备，则应及时、迅速地穿戴好。

3. 眼睛防护

尽可能戴上各种防毒眼镜、防护镜或游泳用的护目镜等。

（三）安全撤离毒气泄漏事故现场

（1）发生毒气泄漏事故时，现场人员不能恐慌、不能叫喊或乱跑，应按照平时应急预案的演习步骤，尽量选择一条染毒轻、距离近、路面硬、不扬尘的路段，井然有序地快速撤离。

（2）逃生时要沉着冷静判断风向，根据毒气泄漏的位置，沿着上风方向或侧上风方向转移，也就是要逆风逃生。若有条件，则可使用交通工具帮助逃离。

防毒面具　戴口罩　捂湿毛巾

向上风或侧上风方向迅速撤离

（3）若泄漏物质的密度比空气大，则选择往高处逃生；若泄漏物质的密度比空气小，则要选择往低处逃生，但切忌在低洼处滞留。

（4）徒步穿越染毒区时，要快步行走、不坐靠，避开染毒草丛、泥坑。

（5）假如事故现场有救护、消防人员或专人引导，应服从他们的引导和安排。

（四）清洗身上的有毒物质

（1）通过染毒区边界，到达空气新鲜的安全环境后，应迅速脱去染毒衣物，防止用手直接触摸染毒衣物造成二次染毒。

（2）当皮肤不慎沾到液态毒物时，应设法用柔软干净的衣服或纸巾将其擦去。擦拭时要快吸快擦，由斑点外向内擦，以免扩大面积。

（3）对怀疑有毒剂的皮肤，应及时进行消毒；用大量温水淋洗身体，特别是曾经裸露的部分。

四、瓦斯爆炸的逃生与自救方法

瓦斯是以游离状态和吸着状态存在于煤体或围岩中的一种气体，其主要成分是烷烃，其中甲烷占绝大多数，另有少量的乙烷、丙烷和丁烷，此外一般还含有硫化氢（有毒）、二氧化碳、氮和水蒸气，以及微量的惰性气体，如氦和氩等。瓦斯的渗透能力是空气的 1.6 倍，难溶于水，不助燃也不能维持呼吸，达到一定浓度时，能使人因缺氧而窒息，若遇明火，则可发生燃烧或爆炸。

较易引起瓦斯积聚的常见场所包括井下采煤工作面的上（下）隅角、高瓦斯煤层的煤巷掘进工作面、井下工作面的采空区、高瓦斯煤层工作面的冒落区、发生瓦斯突出后的瓦斯积聚区、井下独头掘进煤巷工作面、通风不良的井下其他场所、出现逆温气候条件时的深凹露天采煤工作面。一旦发生瓦斯爆炸，就会直接威胁矿工的生命安全。

（一）瓦斯爆炸的条件

瓦斯爆炸必须同时具备三个基本条件：一是瓦斯浓度在爆炸界限内，一般为5%～16%；二是混合气体中氧气的浓度不低于12%；三是有足够能量的点火源。具体如下。

1. 瓦斯的浓度

瓦斯爆炸发生的浓度界限是指瓦斯与空气的混合气体中瓦斯的体积浓度。当瓦斯浓度达到9.5%时，理论上瓦斯可以同空气中的氧气完全反应，从而放出更多的热量，因此爆炸的强度最大；当瓦斯浓度低于5%时，由于参加化学反应的瓦斯较少，不能形成热量积聚，因此不会爆炸，只能燃烧；当瓦斯的浓度高于16%时，空气中的氧气不足，瓦斯较多，因此只能有部分瓦斯与氧气发生反应，所生成的热量被多余的瓦斯和周围介质吸收降温，也不会发生爆炸。

2. 充足的氧气含量

瓦斯与空气混合气体中氧气的浓度必须大于12%，否则爆炸反应不能持续。煤矿井下的封闭区域、采空区内及其他裂隙等处，由于氧气消耗或没有供氧条件，可能出现氧气浓度低于12%的情况；其他巷道、工作场所等按规定氧气含量不得低于20%。一般不存在氧气浓度低于12%的情况，因为在此情况下，人员在短时间内就会窒息死亡。

3. 足够能量的点火源

点火源能够引起瓦斯爆炸的三个条件：①温度不低于650℃；②能量大于0.28 MJ；③持续时间大于爆炸感应期。这三个条件通常很容易满足，如明火、煤炭自燃、撞击火花、电火花等。在煤矿开采过程中，对一些不可避免的火源有时需要采取特殊的技术，使其不能满足瓦斯的点火条件。例如，井下爆破时所用的毫秒雷管产生的火焰，其温度可达2 000℃，但持续的时间很短，小于爆炸感应期，因此不会引起瓦斯爆炸。

（二）瓦斯爆炸的逃生与自救方法

（1）井下一旦发生瓦斯爆炸事故，现场班队长、跟班干部要立即组织人员正确佩戴好自救器，引领人员按避灾路线到达最近的新鲜风流中，第一时间向矿调度室报告事故地点、现场灾难情况，同时向所在单位值班员报告。

（2）安全撤离时要正确佩戴好自救器，快速撤离，但不能慌乱。

（3）若因灾难破坏了巷道中的避灾路线指示牌，迷失了行进的方向，则撤退人员应朝着有风流通过的巷道方向撤退。在撤退沿途和所经过的巷道交叉口，应留设指示行进方向的明显标志，以提示救援人员的注意。在唯一的出口被封堵无法撤退时，应有组织地进行灾区避灾，以等待救援人员的营救。

（4）在撤退途中听到爆炸声或感觉到有空气振动冲击波时，应立即背向声音和气浪传来的方向，脸向下，双手置于身体下面，闭上眼睛，迅速卧倒，头部要尽量放低，有水沟的地方最好躲在水沟边上或坚固的掩体后面，用衣服遮盖身体的裸露部分，以防火焰和高温气体烧伤皮肤。

（5）在发生瓦斯爆炸事故后，遇险人员一时难以沿着避灾路线撤出灾区或难以迅速到达永久避难硐室时，应立即佩戴自救器，到附近掘进长度较长、有压风管路且瓦斯爆炸前正常通风、但事故时断电停风的掘进独头巷道等临时避难硐室内避灾，等待矿山救护队救援。临时避难硐室同样具有较好的井下避灾作用，能够给众多遇险人员提供避难场所，有利于瓦斯爆炸事故应急救援工作的展开。

（6）进入避难硐室前，应在硐室外留设文字、衣物、矿灯等明显标志，以便于救援人员实施救援。入硐室后，开启压风自救系统，可有规律地间断地敲击金属物、顶帮岩石等，发出呼救联络信号，以引起救援人员的注意，指示避难人员所在的位置。

小贴士

在瓦斯爆炸事故中，永久避难硐室是指遇险人员无法撤出或一时难以撤出灾区时，供遇险人员暂时避难待救的场所。永久避难硐室避灾法在瓦斯爆炸时能够起到较好的避灾效果。但避难硐室空间比较狭小，容纳人员有限，且随着工作面的不断向前推进，避难硐室距离工作面也越来越远，因此，遇险人员在碰到瓦斯爆炸事故时很难及时到达永久避难硐室。

思考与探究

在面对各种突发事件时，首先要保持镇静，能否进行逃离与自救决定着人们能否获救。

1. 在面对各种事故时，你认为最重要的是什么？
2. 遇到化学品厂房发生火灾，你该如何逃离？

反侵权盗版声明

电子工业出版社依法对本作品享有专有出版权。任何未经权利人书面许可，复制、销售或通过信息网络传播本作品的行为；歪曲、篡改、剽窃本作品的行为，均违反《中华人民共和国著作权法》，其行为人应承担相应的民事责任和行政责任，构成犯罪的，将被依法追究刑事责任。

为了维护市场秩序，保护权利人的合法权益，我社将依法查处和打击侵权盗版的单位和个人。欢迎社会各界人士积极举报侵权盗版行为，本社将奖励举报有功人员，并保证举报人的信息不被泄露。

举报电话：（010）88254396；（010）88258888

传　　真：（010）88254397

E-mail：　dbqq@phei.com.cn

通信地址：北京市万寿路 173 信箱

　　　　　电子工业出版社总编办公室

邮　　编：100036